多金属渣高效利用
基础及应用

王丽君　周国治　著

北　京

冶金工业出版社

2022

内 容 提 要

　　本书详细介绍了以钒渣为代表的多金属熔渣体系特点、现有的提钒方法，以及保持原有价态进行选择性氯化提取有价元素及高值化利用的新思路，同时引入微波外场来强化物质迁移的新探索。

　　本书可供从事多金属资源研究的高等院校冶金专业师生以及企业相关技术人员参考。

图书在版编目（CIP）数据

　　多金属渣高效利用基础及应用/王丽君，周国治著．—北京：冶金工业出版社，2022.10

　　ISBN 978-7-5024-9307-3

　　Ⅰ．①多…　Ⅱ．①王…　②周…　Ⅲ．①熔渣—研究　Ⅳ．①TF111.17

　　中国版本图书馆 CIP 数据核字（2022）第 194390 号

多金属渣高效利用基础及应用

出版发行	冶金工业出版社	**电　　话**	(010)64027926
地　　址	北京市东城区嵩祝院北巷 39 号	**邮　　编**	100009
网　　址	www.mip1953.com	**电子信箱**	service@mip1953.com

责任编辑　杨盈园　美术编辑　燕展疆　版式设计　郑小利
责任校对　王永欣　责任印制　禹　蕊
北京建宏印刷有限公司印刷
2022 年 10 月第 1 版，2022 年 10 月第 1 次印刷
710mm×1000mm　1/16；16 印张；314 千字；248 页
定价 78.00 元

投稿电话　(010)64027932　投稿信箱　tougao@cnmip.com.cn
营销中心电话　(010)64044283
冶金工业出版社天猫旗舰店　yjgycbs.tmall.com
（本书如有印装质量问题，本社营销中心负责退换）

前　言

基于我国复杂难处理金属矿物资源与二次资源的特点，突破传统选冶技术思路，深入开展复杂共伴生金属矿产资源和二次资源利用的高效反应和清洁分离提取新理论、新技术的基础研究，是我国冶金新体系、新方法、新技术原始性创新的迫切要求，是突破资源环境约束瓶颈的基础和必然选择，也是国家和行业的重大战略需求。

本书以我国宝贵的多金属战略资源钒渣为研究对象，渣中富含钒、铬、钛、铁、锰等有价金属元素，主要以钒铬尖晶石（$(Fe,Mn)(V,Cr)_2O_4$）、铁橄榄石（$(Fe,Mn)_2SiO_4$）和钛铁尖晶石（$(Fe,Mn)_2TiO_4$）形式存在。从矿物分布上来讲，属于包裹型矿物结构，橄榄石相包裹尖晶石相，并且尖晶石中钛、铬、钒元素分布不均匀。因此，有价元素提取的前提是包裹型矿物结构的有效破坏。

本书创新性地提出保持原有价态，将氧化物体系转变为氯化物体系，利用氯化物的物性差异实现选择性分离，兼顾各金属元素的价值、含量及不同赋存状态，进行选择氯化-分级处理的系统研究。同时，为了减少氯化剂和熔盐体系的挥发，引入微波的外场来强化元素迁移和熔盐氯化的作用，也对微波熔盐氯化技术在低品位复杂共生矿物有效分离、高效提取和清洁生产等方面的应用进行了有益探索。氯化后的多金属资源用于制备出高附加值的产品铁氧体材料、VCr合金及高纯钛白等，实现了钒渣高效利用的目的。

本书主要由作者在多金属资源综合利用领域的研究成果构成，也是作者首次将原价态提取多金属渣中有价元素和综合利用的方法著于书中，同时也综合国内外相关文献和研究成果。本书共7章，内容为钒渣简介，有价元素典型高值化产品介绍，微波特点及其在冶金中的应用，原价态选择性氯化提取钒渣中有价元素，微波强化原价态选择性氯化提取钒渣中有价元素，氯化物的高值化利用和尾渣的无害化利用。

在本书撰写过程中，团队成员付出了大量的精力和心血，刘仕元博士参与了第 1、2、4、6 章的撰写，吴顺硕士参与了第 2 章和第 6 章的撰写，谭博硕士参与了第 3 章和第 5 章的撰写，薛未华硕士参与了第 4 章和第 7 章的撰写。杜俊彦硕士参与了第 1、4、7 章的校对，谢帝硕士参与了第 2 章和第 5 章的校对，谢康硕士参与了第 3 章和第 6 章的校对。本书是全体团队成员共同努力的结果，在此表示衷心感谢。同时对本书引用的文献作者表示感谢。

本书的出版得到国家自然科学基金优秀青年基金项目（51922003）、国家重点基金项目（51734002）、国家自然科学基金面上基金（51774027）、国家自然科学基金青年基金（51104013、51904286），以及中央高校科研基本业务费（FRF-TP-19-004C1）的大力支持，在此一并表示感谢。

希望本书能为从事多金属资源综合利用研究的院所科研人员和企业技术人员提供参考，以共同推进我国多金属熔渣资源高效利用的绿色发展。

由于作者水平所限，本书存在不足之处，恳请读者不吝赐教！

作　者
2022 年 5 月

目　　录

1 钒渣概述

1.1 钒渣简介

根据 2018 年报道，全世界钒钛磁铁矿储量高达 1765 亿吨。在钒钛磁铁矿中 TiO_2 的质量分数为 9.12% ~ 12.03%，TFe 的质量分数为 23.65% ~ 34.88%，SiO_2 的质量分数为 18.18% ~ 29.47%，Al_2O_3 的质量分数为 8.04% ~ 9.62%，CaO 的质量分数为 5.15% ~ 8.19%，MgO 的质量分数为 5.61% ~ 6.77%，V_2O_5 的质量分数为 0.1% ~ 2%。由于钒钛磁铁矿中铁和钛含量高，钒含量相对较低，因此，现在利用钒钛磁铁矿主要是通过先提取钒钛磁铁矿中的钛和铁，之后再利用钒。从钒钛磁铁矿中得到钒渣主要有以下 3 种方法（图 1-1）。

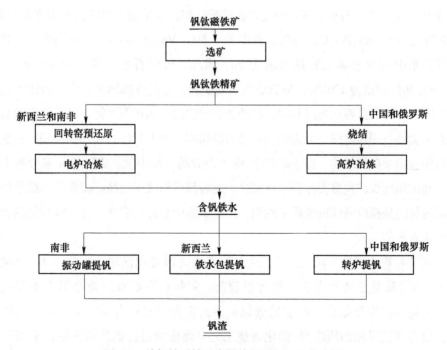

图 1-1 从钒钛磁铁矿中提炼得到钒渣工艺流程

（1）钒钛磁铁矿经过选矿得到钒钛铁精矿，南非利用回转窑预还原和电炉冶炼钒钛铁精矿得到含钒铁水，含钒铁水通过振动罐提钒得到钒渣。

（2）钒钛磁铁矿经过选矿得到钒钛铁精矿，新西兰利用回转窑预还原和电炉冶炼钒钛铁精矿得到含钒铁水，含钒铁水通过铁水包提钒得到钒渣。

（3）钒钛磁铁矿经过选矿得到钒钛铁精矿，中国和俄罗斯利用烧结工艺和高炉冶炼钒钛铁精矿得到含钒铁水，含钒铁水通过转炉提钒得到钒渣。

典型的钒渣化学组成（质量分数）为：13.52%～19.03% V_2O_3、11.80%～18.60% SiO_2、30%～40% TFe、6.92%～14.35% TiO_2、0.93%～4.59% Cr_2O_3 和 7.44%～10.67% MnO。钒渣的物相分析表明，转炉钒渣一般包括3种物相：含钒尖晶石、硅酸盐和金属铁。其中钒在钒渣中是以3价离子形式存在于尖晶石相中，通常与 Fe、Mn、Cr、Ti 等元素形成固溶体状态的复杂尖晶石 $(Fe,Mn)O \cdot (V,Cr,Fe,Ti)_2O_3$，钒尖晶石中含元素最多的为 Fe 和 V，因此，一般称为钒铁尖晶石 (FeV_2O_4)，FeV_2O_4 的熔点一般为1700℃以上，钒尖晶石颗粒的粒度为 20～100μm，分散于硅酸盐组成的黏结相之中。有文献报道了 FeO-SiO_2-V_2O_3-TiO_2 熔渣体系的黏度以及冷却后渣的物相组成，主要为 Fe_2SiO_4、FeV_2O_4 和 Fe_2TiO_4。除了尖晶石相，钒渣中还存在硅酸盐相，其中最主要的物相为橄榄石相，通常写为 $(Fe,Mg,Mn,Ca)_2SiO_4$，其中 Fe、Mg、Mn 和 Ca 都为2价阳离子。其中橄榄石相中所含金属元素最多的为 Fe，因此，橄榄石相一般写为 Fe_2SiO_4。纯 Fe_2SiO_4 相的熔点为1205℃，是钒渣的主要矿相，在提钒炼钢工艺中，铁橄榄石相最后凝固，将尖晶石相包裹其中。硅酸盐相与尖晶石相互不溶解，呈不规则颗粒状填充于尖晶石颗粒之间，成为钒渣主要的黏结相，图1-2（a）所示为橄榄石包裹尖晶石相包裹型矿相结构，图1-2（b）所示为尖晶石相中钛、铬和钒元素分布不均匀。黏结相越少，包裹尖晶石程度越少，越容易后期破坏尖晶石相提钒。虽然产生钒渣的目的是提取钒钛磁铁矿中的钒，但是钒渣中有价元素铁、锰、钛和铬的含量也是非常高的。

钒渣经数次提取 V_2O_5 之后，遗弃的废渣（即提取钒尾渣）中 V_2O_5 含量约在1.5%（质量分数）左右，钒含量较高。每年约有数百万吨含钒废渣直接排放，大量废渣堆积如山，不仅造成钒资源的浪费，而且占用大量土地，污染环境。仅有研究采用加压成型-钠化焙烧工艺对此废渣进行钒的再提取，但该工艺钒提取率小于40%。

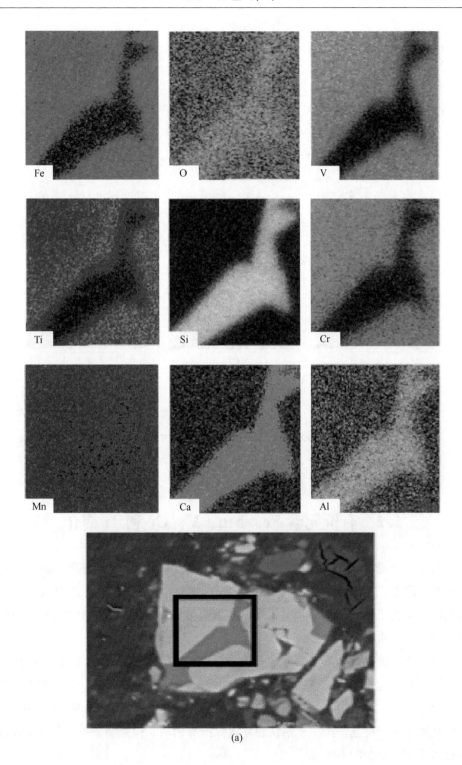

(a)

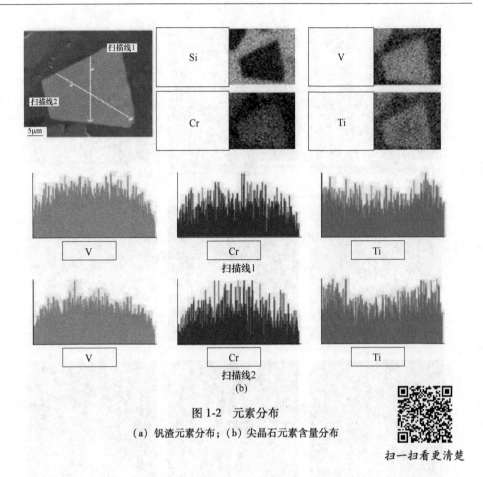

图 1-2　元素分布

（a）钒渣元素分布；（b）尖晶石元素含量分布

扫一扫看更清楚

1.2　有价元素 Fe、Mn、V、Cr 和 Ti 简介

铁位于元素周期表第 4 周期、Ⅷ族，元素符号 Fe，原子序数 26，熔点 1538℃，沸点 2750℃，晶体结构为体心立方。铁最常见化合物价态为 +2 和 +3，常见的氯化物为 $FeCl_2$ 和 $FeCl_3$。铁是制备钢铁材料、铁氧体材料和金属软磁复合材料的重要元素。

锰位于元素周期表第 4 周期、ⅦB 族，元素符号 Mn，原子序数 25，熔点为 1244℃，沸点为 1962℃，晶体结构为立方型。锰属于活泼金属，可以形成 +2、+3、+4、+6、+7 等 5 种价态的化合物。常见的氯化物为 $MnCl_2$ 和 $MnCl_2 \cdot 4H_2O$。锰广泛地应用于电池、医学、钢铁和环境保护等领域。锰是制备铁氧体和 Mn 基铁磁形状记忆合金的重要元素。

程图。由图1-3可知，在3价钒被氧化为4价或者5价钒的同时，铬也被氧化为6价铬。在1.2节已经介绍了5价钒和6价铬对环境的危害。

1.3.1.1 钒渣中的钒和铬通过氧化法得到可溶于水溶液的高价钒和铬

A 钠化焙烧

钒渣中的钒主要以3价氧化物形式存在，要使其转化为高价的水溶性钒化物，一般是用钠化焙烧，使其转化为可溶于水的钒酸钠。图1-4所示为钠化焙烧钒渣的机理。钠离子可以扩散进入钒尖晶石的空位，替代2价铁离子，由于钠离子和铁离子的离子半径的差异，尖晶石中的空穴和空位增多，促进了离子扩散和尖晶石结构的分解。在氧气的作用下，钒离子和铁离子氧化为高价的钒酸钠和三氧化二铁。钠化焙烧工艺在工业上得到了应用。Fang等人研究了碳酸钠焙烧含铬钒渣的机理，其机理与钠化焙烧钒渣的机理相同。

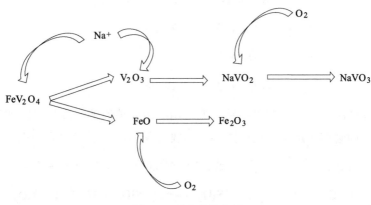

图1-4 钠化焙烧钒渣

最早使用NaCl作为添加剂，在氧气和水的作用下，NaCl与钒渣中的钒尖晶石反应，反应式为：

$$4FeV_2O_4 + 8NaCl + 7O_2 =\!=\!= 8NaVO_3 + 4Cl_2 + 2Fe_2O_3 \tag{1-1}$$

$$4NaCl + 2.5O_2 + 2H_2O + 2FeV_2O_4 =\!=\!= 4NaVO_3 + 4HCl + Fe_2O_3 \tag{1-2}$$

在这个焙烧过程中，如果NaCl不足或者缺少水蒸气，则会形成非水溶性的"青铜物"NaV_6O_{15}。钒青铜的出现，会导致浸出过程中钒的提取率降低，因此，为了避免钒青铜的出现，应添加足够的NaCl或水蒸气。

除使用NaCl外，还可使用NaOH、Na_2SO_4或Na_2CO_3作为添加剂，反应式为：

$$2Na_2CO_3 + 2.5O_2 + 2FeV_2O_4 =\!=\!= 4NaVO_3 + 2CO_2 + Fe_2O_3 \tag{1-3}$$

$$2Na_2SO_4 + 1.5O_2 + 2FeV_2O_4 = 4NaVO_3 + 2SO_2 + Fe_2O_3 \qquad (1-4)$$

$$4NaOH + 2.5O_2 + 2FeV_2O_4 = 4NaVO_3 + 2H_2O + Fe_2O_3 \qquad (1-5)$$

为了降低焙烧温度，提高钒的转化率，可以采用低共熔点的盐对，如 NaCl-Na_2SO_4、NaCl-Na_2CO_3、NaCl-Na_2SO_4-Na_2CO_3 等。

虽然用 NaCl 和 Na_2SO_4 作添加剂可以提取钒渣中的钒，但是产生了对环境有严重污染的 Cl_2、HCl 和 SO_2，很多工厂被政府强制关闭；钒的提取率低；能耗高。因此，现在主要采用 Na_2CO_3 或 NaOH 作为添加剂提取钒渣中的钒。

对于高钙、高硅类钒矿，钙与钒反应形成不易溶的钒酸钙，阻止了反应的进行。为了防止形成钒酸钙，可在焙烧料中加入少许 FeS_2（或 Na_3PO_4）使钙被硫酸盐（或磷酸盐）固化，反应式为：

$$4FeS_2 + 11O_2 = 2Fe_2O_3 + 8SO_2 \qquad (1-6)$$

$$2CaO + 2SO_2 + O_2 = 2CaSO_4 \qquad (1-7)$$

$$2MgO + 2SO_2 + O_2 = 2MgSO_4 \qquad (1-8)$$

$$2CaO \cdot 3V_2O_5 + 2SO_2 + O_2 = 2CaSO_4 + 6V_2O_5 \qquad (1-9)$$

另一种办法是允许生成钒酸钙，但采用硫酸或碳酸钠溶液浸出。如果有足够的硅存在，则会在焙烧中形成硅酸钙，而放出 V_2O_5，形成 $NaVO_3$。反应式为：

$$Na_2CO_3 + Ca(VO_3)_2 + SiO_2 = CaSiO_3 + 2NaVO_3 + CO_2 \qquad (1-10)$$

$$Na_2CO_3 + Ca_2V_2O_7 + 2SiO_2 = 2CaSiO_3 + 2NaVO_3 + CO_2 \qquad (1-11)$$

虽然硅可以把钒释放出来，但是硅酸钙的形成包裹了未反应的钒尖晶石，阻止了反应的进一步进行，导致钒的提取率低。因此，在钠化焙烧工艺中，硅、钙是不利的组分。

对于低品位的钒渣，有文献报道，在 Na_2CO_3 为添加剂的情况下，500℃橄榄石相完全分解；600℃尖晶石相完全消失；当温度超过 700℃ 可以明显地观察到钒酸钠；但是当焙烧温度超过 800℃，样品烧结严重，玻璃相包裹了大多数未反应的钒，导致钒的浸出率降低。对于高铬钒渣，由于钒和铬性质相似，造成了钒铬的分离困难，为了避免钒铬分离困难，同时，提取钒渣中的铬，李鸿义提出了异步碳酸钠焙烧提钒和铬，第一步当 800℃ 时，钒的提取率为 87.8%，铬的提取率为 6.3%；第二步从第一步得到的残渣中提取钒铬，950℃，钒的提取率为 90.7%，铬的提取率为 96.4%。用 NaOH 块样焙烧-水浸法提取钒渣中的钒和铬，实现了钒和铬的同时高效提取，当焙烧温度为 700℃，碱渣比为 0.5 时，焙烧

度的升高，$VOCl_3$ 的温度存在区域逐渐缩小；在相同的实验条件下（氯化温度 727℃，反应物与氯化剂的摩尔比为 1∶2，氯化时间为 2h，氯化气氛为氧气），$FeCl_3$ 为氯化剂氯化钒渣中钒的提取率为 57%，$FeCl_2$ 为氯化剂氯化钒渣中钒的提取率为 32%。$FeCl_3$ 比 $FeCl_2$ 氯化反应提钒率高。

$$V_2O_5 + 2FeCl_3 = 2VOCl_3 + Fe_2O_3 \tag{1-21}$$

$$2V_2O_4 + 4FeCl_3 + O_2 = 4VOCl_3 + 2Fe_2O_3 \tag{1-22}$$

$$2V_2O_3 + 4FeCl_3 + (2x - 1)O_2 = 4VOCl_3 + 4FeO_x \tag{1-23}$$

$$V_2O_4 + FeCl_3 + (x - 1)O_2 = VOCl_3 + FeO_x \tag{1-24}$$

$$12FeCl_2 + 4V_2O_5 + 3O_2 = 6Fe_2O_3 + 8VOCl_3 \tag{1-25}$$

钒渣经过氧化之后用氯气进行选择性氯化，钒以 $VOCl_3$ 的形式挥发，之后经过净化、铵盐沉钒—氧化煅烧、水解和催化氧化等工艺制备得到高纯 V_2O_5。中国科学院过程工程研究所在数十年流态化技术积累的基础上，经过多年的探索创新，建立了 4N 级高纯五氧化二钒绿色高效氯化法制备方法。

1.3.1.2　滤液净化法

固相钒渣中的 3 价钒经过各种氧化工艺处理后转化为水溶性的 4 价钒或者 5 价钒，之后，通过各种浸出方法得到了含钒溶液。为了得到高纯 V_2O_5 产品，则浸出液中的杂质应尽可能地少，因此，浸出液需要净化。通常浸出液为碱性时，杂质含量低；若为中性，特别是酸性，浸出液中杂质含量则非常高。常用的净化手段为：化学沉淀法、萃取法和离子交换树脂法。

A　化学沉淀法

化学沉淀除杂是基于溶度积原理。难溶的固体化合物与其离子间的平衡可表示为：

$$M_mA_n = mM^{n+} + nA^{m-} \tag{1-26}$$

则 M_mA_n 的溶度积为：

$$K_{sp} = a_M^m \times a_A^n \tag{1-27}$$

式中　a_M^m，a_A^n——分别为 M 和 A 的活度，mol/L；

　　　　K_{sp}——随着温度变化的浓度积。

浸出液净化的效果主要由 pH 值及沉淀剂的种类及用量来决定。阳离子大多可以通过水解产生沉淀后去除，但是 Fe^{2+} 即使在极强的碱性条件下，都很难水解沉淀，因此，一般情况下，都需要将 Fe^{2+} 氧化为 Fe^{3+}，再水解除铁。阴离子可以加入离子沉淀剂去除，阴离子 CrO_4^{2-} 和 SiO_3^{2-} 通过加入 $MgCl_2$，pH 值调节到 9~10，得到 $MgCrO_4$ 和 $MgSiO_3$ 沉淀。为了加速沉淀物的凝聚和沉淀，净化操作一般需通过加热来进行，温度一般高于 90℃，必要时添加助凝剂。浸出液中含磷可以通过镁或钙沉淀法去除，在含钒溶液中加入 $MgCl_2 \cdot NH_4Cl$ 并用 $NH_3 \cdot H_2O$ 调节溶液 pH 值至 9.5~11，这时 Mg^{2+}、NH^{4+} 和 PO_4^{3-} 便生成难溶磷酸铵镁沉淀，而达到除磷的目的，此时钒酸镁的溶解度大，钒的损失率小。在加钙沉淀除磷的方法中，溶液的 pH 值应控制在 8~9，$CaCl_2$ 加入含钒溶液中，通过 Ca^{2+} 与 PO_4^{3-} 生成难溶的磷酸钙沉淀达到除磷的目的；当 pH 值小于 8 时，磷酸根与水溶液中的水生成 HPO_4^{2-} 或 $H_2PO_4^-$，与 Ca^{2+} 结合成 $CaHPO_4$ 或 $Ca(H_2PO_4)_2$；当 pH 值大于 9 时，$CaCl_2$ 会水解成氢氧化钙，钙离子减少，除磷效果也会受影响；pH 值控制在 8~9，Ca^{2+} 与 VO_3^- 形成难溶的 CaV_2O_6 沉淀，但是 $Ca_3(PO_4)_2$ 的溶度积小于 CaV_2O_6 的溶度积，只要氯化钙的用量控制合适，可以避免钒酸钙的生成。

B　萃取法

利用钒离子在互不相容的水相和有机相中的分配比不同，实现钒离子与其他离子分离。用于钒萃取的萃取剂主要有中性含氧酯类化合物、中性膦酸酯类化合物、酸性含磷类化合物以及中性胺类化合物。

D2EHPA 是现在最常用的氧化配位原子酸性含磷萃取剂，成本低，化学稳定性好，对 4 价钒有很好的选择性和很高的萃取效率。萃取机理：

$$nVO^{2+} + m(HA)_2 \longrightarrow (VOA_2)_n(HA)_{2(m-n)} + 2nH^+ \tag{1-28}$$

式中，HA 为 D2EHPA。

P204 能萃取 3 价铁而不能萃取 2 价铁，所以要把滤液中的 3 价铁还原为 2 价铁。Hu 等人用纯物质 $NaVO_3 \cdot 2H_2O$、$FeCl_2 \cdot 2H_2O$ 和 HCl 配制溶液，使用 D2EHPA 进行萃取溶液中的钒，在最佳工艺条件下（H^+ 离子浓度为 0.27~0.42mol/L，D2EHPA 体积比浓度为 10%，温度为 20~25℃，平衡时间为 60min，O：A 为 1：1），钒的萃取率 99%。Chen 等人利用 TBP+D2EHPA+煤油有机相萃取含有 Ca、Mg、Al 和 Fe 的盐酸浸出液中的钒，在最佳条件下（30~40℃，10min，O：A 为 1：3，pH 值为 0~0.8，D2EHPA 体积比浓度为 20%），钒的萃取率为 99.4%，铁的萃取率为 4.2%。

胺类萃取剂为碱性萃取剂，对钒（V）有很高的萃取能力，可以用于钒浓度较低的浸出液中钒的提取，特别适用于处理含金属阳离子较多的硫酸溶液。在伯、仲和叔胺中，叔胺是作为萃取剂较多的，由于伯胺和仲胺在水中的溶解度比分子量相同的叔胺大，有些有机溶剂进入了水溶液中，失去了作用。在硫酸处理液中，主要杂质是铁，因此，选择萃取剂时需要考虑铁的影响，叔胺萃取钒液中铁的能力最弱，并且叔胺萃取后铁有机相的洗涤容易。

虽然叔胺萃取剂对钒（V）有很好的萃取效果，但是浸出液中的钒大都是以4价形式存在，因此就需要用氧化剂进行氧化，浸出液中的杂质又比较多，例如 Fe^{2+} 和 Mn^{2+}，在加氧化剂时大量的氧化剂用于氧化杂质，氧化剂的消耗量比较大。叔胺萃取剂的另一个特点是只能萃取阴离子，而钒在浸出液中是以 VO_2^+ 的形式存在，是不能被萃取的，因此需要调节 pH 值来使其中的钒以阴离子的形式存在，叔胺萃取剂对钒的萃取率随水相 pH 值增大而提高。但是调节 pH 值时不能加碱太多，否则含钒溶液中的一部分杂质会出现沉淀，钒离子会吸附在沉淀上，造成损失，因此 pH 值要控制在小于等于 1.9。

Ning 等人使用伯胺萃取含钒和铬的溶液中的钒，萃取后得到的 V_2O_5 纯度为 99.5%，这个方法在工业上得到了应用。

萃取工艺可以实现浸出液中的钒与其他杂质有效分离，生产成本低，萃取剂可以回收利用，得到的产品纯度高，越来越广泛地应用于提钒工业中。但是也有一些缺点：条件苛刻，实际生产中易产生大量废水和有机废弃物，萃取过程中易形成第三相造成萃取剂失效，萃取剂易挥发，劳动条件差。

C 离子交换法

离子交换技术作为现代技术，已有 100 多年的历史。离子交换树脂是由三部分组成：高分子化合物、交联剂和功能团。离子交换树脂的基本类型包括：阳离子交换树脂和阴离子交换树脂 2 大类共 7 小类：强酸阳离子型、弱酸阳离子型、强碱阴离子型、弱碱阴离子型、螯合树脂、两性树脂和氧化还原树脂。

离子交换树脂的性质：树脂上的官能团实际上是强极性的有机物，与极性溶液进行接触，则充分溶胀，溶胀的树脂即是一种电解质溶液，其中的离子则可以与水溶液中的离子进行等物质的量和同电荷的交换。树脂上的功能团对不同的离子具有不同的亲和力和选择性，对于阳离子而言，多价离子比单价离子被优先交换。

溶液中的 5 价钒一般以钒酸根的形式存在，可以使用阴离子交换树脂有效地吸附钒酸根。其交换反应如下：

$$V_4O_{12}^{4-}(aq) + [RCl_4] \Longrightarrow [R\text{-}V_4O_{12}] + 4Cl^- (aq) \qquad (1\text{-}29)$$

式中，R 为树脂。上述反应的平衡式如下：

$$K = [RV][Cl]^4 / [([S]\text{-}[RV])[V]]$$

式中 K——平衡常数；

[RV]——树脂上钒离子浓度，mol/L；

　[S]——树脂总交换容量，Gbps；

　[V]——溶液中钒离子浓度，mol/L；

　[Cl]——溶液中氯离子浓度，mol/L。

当溶液中的钒离子以四价态形式存在时，因 VO^{2+} 是阳离子，故不能被上述阴离子树脂吸附。因此，可以在溶液中加入氧化剂，使 4 价钒氧化为 5 价钒。Li 等人研究了含钒和铬溶液通过离子树脂法分离钒和铬，通过此工艺实现了钒和铬有效分离。

离子交换树脂提钒工艺流程简单，工作条件比萃取法好，成本低，钒的回收率高。缺点是离子交换树脂易中毒，再生能力差。

1.3.1.3　净化滤液中提钒

A　水解沉钒

含钒溶液经净化后，钒大多以 5 价钒酸根的形式存在（也会以 4 价钒离子存在）。随着溶液酸度增加，钒酸根会以钒酸的暗红色沉淀析出，俗称红饼。钒的水解沉钒主要取决于酸度、温度、钒浓度及杂质的影响。析出的钒也会因 pH 值和钒浓度的变化呈不同的聚合状态。

在 pH 值约为 1.8 时，V_2O_5 的溶解度最小，约 230mg/L（$1.26×10^{-3}$mol/L）。V_2O_5 的溶解度与 H_2SO_4 的浓度有关，V_2O_5 的溶解度随硫酸浓度的增加而增加。为使溶液中的钒沉淀完全，取得较高的沉钒率，则终酸浓度不宜太高。

缺点是纯度低，耗酸量大，污水量大。

B　铵盐沉钒

净化后的含钒溶液，主要是 $Na_2O\text{-}V_2O_5\text{-}H_2O$ 体系，根据浸取条件的不同，可以是酸性或碱性。由于钒酸铵盐的溶度积小于钒酸钠的溶度积，因此加入 NH_4^+，可以生成偏钒酸铵或多钒酸铵沉淀，其条件取决于溶液的酸度。

pH 值在 4~6 时，钒主要以 $V_{10}O_{28}^{6-}$ 存在，加入 NH_4^+，则以十钒酸盐形式沉淀。由于净化后净化液含大量钠离子，所以沉淀一般为：$(NH_4)_{6-x} \cdot Na_x V_{10} O_{28} \cdot 10H_2O$，式中，$x$ 一般为 0~2。为获得不含钠的产品，需将其溶于热水中，在 pH 值为 2 的条件下重结晶，如此可得六聚钒酸铵 $(NH_4)_2V_6O_{16}$ 结晶。弱酸性铵盐沉钒的残液可使 V_2O_5 含量下降至 0.05~0.5g/L。

pH 值在 2~3 时，当加入铵离子时，溶液中的钒主要以六聚钒酸铵形式沉淀。优点是产品的纯度高，沉钒的速度快，沉钒率高，残液含钒低，铵盐消耗低，硫酸耗量较水解沉淀法少。若沉钒从红饼开始，则采用 Na_2CO_3 + $NaClO_3$ 溶液在75℃浸泡3h将红饼溶解，残渣过滤，溶液用硫酸调节pH值为2，加入适量铵离子，在90℃下可得六聚钒酸铵沉淀。

为了获得更好的产品质量，可以采用加H_2SO_4和NH_4Cl，调节pH值为5，25℃，0.5h，生成钒酸铵的粗品，过滤分离后，加水，加硫酸，调节pH值为2，V_2O_5的浓度为45g/L，加硫酸和NH_4Cl，90℃下沉钒，得六聚钒酸铵沉淀，纯度提高。

C 钒酸钙、钒酸铁盐沉淀法

钒酸钙、钒酸铁盐沉淀法主要用于回收低浓度含钒溶液中的钒。

钒酸钙沉淀法是向溶液中加入$CaCl_2$、$Ca(OH)_2$、CaO等钙化物，随着溶液pH值的变化将生成不同的沉淀，见表1-1。

表1-1 不同pH值条件下生成的沉淀物

pH值	5.1~6.1	7.8~9.3	10.8~11
沉淀物	偏钒酸钙	焦钒酸钙	正钒酸钙
分子式	$Ca(VO_3)_2$	$Ca_2V_2O_7$	$Ca_3(VO_4)_2$
$n(CaO)/n(V_2O_5)$	1/1	2/1	3/1
溶解度	稍大	小	小

从3种沉淀物中可以看出，偏钒酸钙的含钒量最高，但是由于它的溶解度偏大，沉钒率低。当pH值提高后，加Ca^{2+}后，PO_4^{3-}等杂质也会进入沉淀，硅胶也会进入沉淀，产品的纯度降低。因此，焦钒酸钙是最经济有效的沉淀物。

钒酸铁沉淀法是在弱酸性条件下，用铁盐或亚铁盐作为沉淀剂，将净化液倒入铁盐或亚铁盐溶液中，不断搅拌、加热，便会析出绿色沉淀物。在用亚铁盐作为沉淀剂时，5价钒可以把2价铁氧化为3价铁，而自身还原为4价，所以沉淀物的组成多变。若沉淀剂用铁盐，则析出黄色沉淀。

1.3.1.4 V_2O_5制取

经过沉钒得到的产物，如红饼、钒酸铵，需要先经过干燥去除水分，再高温煅烧得到五氧化二钒，在此过程中多钒酸铵将按式（1-30）~式（1-32）分解、氧化，部分会生成低价钒，但是大部分会再氧化为5价钒：

$$(NH_4)_2V_6O_{16} = 3V_2O_5 + 2NH_3 + H_2O \tag{1-30}$$

$$(NH_4)_2V_6O_{16} = 3V_2O_4 + N_2 + 4H_2O \tag{1-31}$$

$$2V_2O_4 + O_2 \xlongequal{\quad\quad} 2V_2O_5 \qquad\qquad (1\text{-}32)$$

某些杂质如 S 和 P，在煅烧时会挥发。主要杂质是 Na_2O，含量为 0.1% ~ 1%，其他如 S、P、Fe、Si 等均在 0.1% 以下。

1.3.2　还原法提钒

还原提钒法包括钒渣直接合金化和钒渣直接冶炼钒铁两个工艺。

1.3.2.1　钒渣直接合金化

将富钒渣加入炼钢渣中，通过钢水中碳把钒渣中的钒还原，还原后的钒通过扩散进入钢液达到合金化的目的。20 世纪 60 年代，苏联利用钒渣和还原剂的混合物在电弧炉和平炉中对钢液进行合金化，钒的收得率为 83% 左右。颜广庭等人在 10kg 感应炉及 10t 氧气顶吹转炉上进行了钒渣直接合金化冶炼含钒钢筋的实验，结果表明钒渣直接合金化冶炼工艺在电弧炉炼钢和转炉炼钢上都可适用。范英俊等人研究了钒渣直接合金化生产 20MnSiVⅢ级钢筋工艺，该工艺钒的收得率可达 81.2%，该工艺与使用钒铁相比吨钢成本可以降低 54 元。用钒渣直接合金化一般生产的钢种钒含量低于 0.1%。钒渣代替 FeV，省去了钒渣冶炼钒铁的复杂过程，降低冶炼能耗，更重要的是可以降低钒钢的生产成本。直接合金化的主要问题：

(1) 炼钢操作复杂化和钢水温降大。

(2) 钢中夹杂增多。

(3) 钢中磷含量增加。

1.3.2.2　钒渣直接冶炼钒铁

将钒渣中的氧化铁在 1300 ~ 1700℃ 采用选择性还原的方法，在电弧炉内用碳、硅铁或者硅钙合金将钒渣中的铁还原，使大部分铁从钒渣中分离出去，而钒仍留在钒渣中，这样得到了钒铁比高的预还原钒渣。第二阶段是在电弧炉内，将脱铁后的预还原钒渣用碳、硅或铝还原，得到钒铁合金。直接冶炼钒铁的主要问题：

(1) 还原温度高，能耗高。

(2) 一般需要先还原铁后还原其他有价金属，工艺复杂。

(3) 钒渣中的钛得不到利用。

2 有价元素典型高值化产品介绍

2.1 锰锌铁氧体

锰锌铁氧体作为一种陶瓷材料，广泛地用在信息存储、吸波材料、磁性流体等领域。钒渣中含有大量的铁和一定量的锰，锰和铁是合成锰锌铁氧体的元素。

2.1.1 锰锌铁氧体材料的结构和性能

锰锌铁氧体的晶体结构与天然矿物尖晶石晶体结构（AB_2O_4）相同，属于立方晶系。尖晶石结构的一个晶胞含有 56 个离子，其中 24 个金属阳离子和 32 个氧离子，相当于 8 个 MFe_2O_4 分子，其分子式可以写成 $M_8^{2+}Fe_{16}^{3+}O_{32}^{2-}$。氧离子组成两种空隙：四面体空隙和八面体空隙。$Mn^{2+}$ 和 Zn^{2+} 分布在尖晶石结构的四面体配位（A），Fe^{3+} 分布在尖晶石结构的八面体配位（B）。氧离子半径（O^{2-}, 140pm）比金属离子（Mn^{2+}, 80pm；Zn^{2+}, 74pm；Fe^{3+}, 64pm；Fe^{2+}, 76pm）半径大，氧离子构成密集的面心格子，金属离子镶嵌在氧离子之间的空隙里。四面体间隙较小，只能填充半径较小的金属离子。八面体间隙较大，可以填充离子半径较大的金属离子。但是金属离子只是占据了四面体和八面体的部分空隙，还有大量的空隙没有被金属离子占据。有时氧离子会出现空缺。因此，这些空缺和空隙为金属离子的掺杂和离子扩散提供了结构条件，同时，这些空缺和空隙也是引起铁氧体成分偏离整分的结构因素之一。

铁氧体可以分为软磁、硬磁、矩磁、压磁和旋磁。锰锌铁氧体属于典型的软磁材料。软磁材料具有易磁化、易退磁等性能。软磁材料具有低的矫顽力和高磁导率。广泛地应用于电感器件生产领域，例如饱和电感、漏电饱和器等电信用基本材料以及开关电源变压器、功率表因素校正电路等宽带及 EMI 材料。

2.1.2 锰锌铁氧体的制备

锰锌铁氧体材料的制备方法主要包括水热法、固相合成法和溶胶-凝胶法等。

2.1.2.1 水热法

水热合成法是在密闭体系中以水作为熔剂，在一定的温度和压力下进行反应。水热法一般以氧化物或氢氧化物为原料，氢氧化物的溶解度一般比相应的氧化物的溶解度大，在加热过程中原料的溶解度随温度的升高而增加，因此，原料在溶液中形成过饱和溶液，最终原料重新结晶析出氧化物。水热法制备的锰锌铁氧体材料晶粒尺寸一般直径属于纳米级别，颗粒较均匀，活性高，不需要高温煅烧预处理和球磨，避免了产品的团聚、杂质和结构缺陷出现。但是，水热法存在反应器要求高（密封和高压），造成设备费用高、工艺复杂。

Makovec 等人以 Fe_2O_3、ZnO、Mn_3O_4 或 MnO 为原料，温度为 240～320℃，通过水热法制备锰锌铁氧体，研究结果表明，制备的材料中有两种类型的尖晶石：$(Mn^{2+}, Zn)Fe_2O_4$ 和 $(Zn, Mn)Mn_2^{3+}O_4$；两种类型尖晶石的含量和组成依赖于锰离子的氧化状态，锰离子的氧化状态受起始氧化锰的价态和气氛影响，当反应在空气条件下进行时，得到纯锌铁氧体，但是在惰性气氛下，得到锰锌铁氧体；水热反应的动力学依赖锰的氧化态、水热温度和起始 Fe_2O_3 的指定表面积。Rozman 等人以 $Fe(NO_3)_3 \cdot 9H_2O$、$Mn(NO_3)_2 \cdot xH_2O$ 和 $Zn(NO_3) \cdot xH_2O$ 为原料，用稀释的氨水调节 pH 值得到前驱体，制备出来 20nm 的铁氧体，制备铁氧体的 Mn 和 Zn 的比例受起始沉淀的 pH 值影响，温度和时间影响制备的锰锌铁氧体的形貌，同时对水热制备的锰锌铁氧体在空气条件下，进行了高温加热，发现 600℃合成的纳米尺寸的铁氧体被氧化和完全分解。Xiao 等人通过硫酸浸出碱性锌锰电池中的铁、锰和锌等有价元素，通过过滤得到含有铁、锰和锌的浸出液，用浸出液作为制备锰锌铁氧体的原料，通过水热法制备了颗粒尺寸为 12nm 的锰锌铁氧体，提高水热温度和增加水热时间有利于铁氧体更好地结晶。

2.1.2.2 固相合成法

固相法是根据锰锌铁氧体中铁锰锌的比例，选择高纯的氧化铁、氧化锌和二氧化锰为原料，经过混匀、球磨、预烧、粉碎再二次焙烧得到锰锌铁氧体，图 2-1 所示为固相合成法流程。固相合成法具有操作简单、流程短和易于大规模生产的特点，在工业上得到广泛应用。其缺点为原料成本高，需要两次球磨、两次焙烧，消耗大量的能源，球磨时易引入杂质导致锰锌铁氧体产品质量不稳定等。

Zapata 等人以 MnO、ZnO 和 Fe_2O_3 为原料，焙烧温度为 1300℃，6h，合成的锰锌铁氧体饱和磁性为 36.22emu/g，矫顽力为 42.48Oe（1Oe = 79.5775A/m），制备的锰锌铁氧体密度随着锌含量增加而增加；随着锌含量增加铁氧体的颗粒分布越不均匀。Ewais 等人以 MnO_2、ZnO 和 Fe_2O_3 为原料，在 1100℃时，形成纯锰

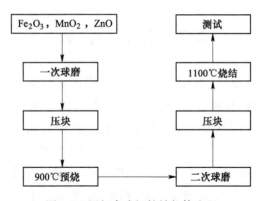

图 2-1 固相合成锰锌铁氧体流程

锌铁氧体；随着温度从 1050℃ 增加到 1150℃，铁氧体的密度增加，进一步增加温度，铁氧体的密度降低；在 1150℃，2h，得到的铁氧体的饱和磁性为 58.19emu/g。Ahmed 以锰矿为原料制备锰铁氧体，研究结果表明，当 Mn/Fe 的摩尔比为 1:2 时，即使提高焙烧温度到 1300℃ 也无法合成单晶相的锰铁氧体，这是由于部分锰与锰矿中的硅发生了反应，形成低熔点的硅酸锰，硅酸锰的形成促进了铁氧体颗粒的增长和提高了铁氧体的磁性，锰矿中的杂质有利于提高磁性；当 Mn/Fe 的摩尔比为 1.4:2 时，形成了单晶相锰铁氧体；当 Mn/Fe 的摩尔比为 1.3:2 时，焙烧温度为 1300℃，2h，锰铁氧体的饱和磁性最大为 62emu/g。

2.1.2.3 溶胶-凝胶法

溶胶-凝胶法是有机溶剂、金属盐和水三者混合成溶液，在一定温度下搅拌一段时间，通过无机酸或者碱调节 pH 值，经过水解和络合反应形成溶胶体系，将溶胶烘干，之后将干凝胶在一定温度下燃烧，得到铁氧体粉体。

Jalaiah 报道了使用 $MnC_6H_9O_6 \cdot (H_2O)_2$、$Zn(NO_3)_2$、$Fe(NO_3)_2$ 和 $C_6H_8O_7$ 为原料，金属硝酸盐和柠檬酸按一定比例混合，通过氨水调节 pH 值至 7，之后在 1200℃ 焙烧 5h 得到锰锌铁氧体。Raghavender 等人使用分析纯的 $C_6H_8O_7$、$Zn(NO_3)_2 \cdot 6H_2O$、$Ni(NO_3)_2 \cdot 6H_2O$ 和 $Fe(NO_3)_2 \cdot 9H_2O$ 为原料，反应温度为 500℃，4h，得到单晶相的镍锌铁氧体，研究发现由于锌离子半径大于镍离子的半径，随着锌含量增加，颗粒尺寸降低。Hussain 等人以纯物质氯化铁、氯化锰和氯化镍为原料，得到颗粒尺寸在 2.386~3.830nm 的铁氧体。

溶胶-凝胶法制备的铁氧体粉均匀性好，产品纯度高。缺点为使用了有机溶剂增加了操作处理难度，危害人体健康；路线长，成本高。

基于以上分析发现，制备铁氧体的原料大多是纯物质，较少通过从矿渣中制备铁氧体，并且杂质元素在一定程度上可以提高铁氧体的性能。

2.2 铁锰合金

铁锰合金的生产原料主要依赖锰铁矿，我国锰资源相对贫乏，严重依赖进口，现在进口富矿困难，进口矿大多锰含量低，铁含量高，矿物组成复杂，颗粒微细，很难降低铁含量。锰铁矿是一种非常重要的锰提取资源，对于铁锰合金的生产要求 Mn/Fe 质量比超过 5。由于 Mn、Fe 和 Si 在矿相中分布紧密，导致物理选矿法（重力、磁力和浮选）很难有效分离锰和铁。还原焙烧-磁性分离作为一种有效分离铁和锰的方法。还原温度通常为 400 ~ 1000℃，气氛为弱还原性气氛。Gao 等人通过 CO 还原低品位锰矿，在最佳条件下（颗粒尺寸小于 105μm，还原时间 25min，还原温度 600℃，CO 含量为体积分数 30%），在锰矿中的锰含量（质量分数）从 36% 增加到 45%，其中锰矿中 50% 的铁被去除，在这个过程中锰的损失率为 5%。Liu 等人研究表明还原温度超过 800℃ 时有利于铁的分离但是不利于锰的回收，还原过程中有磁性 $Mn_xFe_{3-x}O_4$ 相生成不利于铁锰的分离，同时通过形貌分析发现 $Mn_xFe_{3-x}O_4$ 和 Fe_3O_4 与橄榄石相层紧密连接为一体，不利于铁和锰的分离；为了避免磁性 $Mn_xFe_{3-x}O_4$ 相的生成，提出了还原温度不应超过 800℃，增加还原时间提高分离率。虽然还原焙烧-磁性分离对于分离铁和锰是一个简单的工艺，但铁和锰的回收和分离率是很低的。

2.3 钒铬合金

2.3.1 钒铬合金的应用

在室温条件下，钒是唯一能与氢发生反应的纯金属。广泛研究的钒基固溶体合金主要有 Ti-V-Mn、Ti-V-Ni 以及 Ti-V-Cr 三大类。其中 Ti-V-Cr 合金由 BCC 单相构成，同时，Cr 与 V 无限固溶且没有中间相。钒基固溶体储氢合金具有较大的储氢容量。

核聚变能是一种理想的绿色能源，是解决当前能源问题最有效途径之一。而 V 基合金具有优良的力学性能、中子辐照低活性、抗辐照肿胀、较低的线膨胀系数、良好的高温强度和加工性能以及优良的尺寸稳定性等优势。因此，V 基合金已成为未来聚变反应堆的壳体和第一壁模块的主要候选结构材料。金属 V 高温下容易氧化，添加金属 Cr 可以提高其高温下耐腐蚀和蠕变性能。添加金属 Ti 可以改善其抗辐照诱导肿胀能力，但是降低了抗蠕变性能。

2.3.2 钒铬合金的制备

图 2-2 所示为工业上生产钒铬合金的方法：首先是把钒的氧化物转化为钒的氯化物，之后通过金属 Mg 还原得到金属钒；铬氧化物通过电解或者 Al/Si 还原，得到金属铬；对于制备 VCr 合金，金属钒和铬通过电弧熔炼几次，粉碎得到 VCr 合金。这个工艺的缺点：流程长、浪费热能和化学能。这些缺点成为 VCr 合金大量生产的障碍。

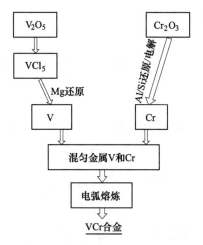

图 2-2　传统的制备 VCr 合金的流程

2.4　二　氧　化　钛

2.4.1 TiO$_2$ 的制备

TiO$_2$ 是一种有着广泛应用前景的化合物半导体，可以作为高档颜料化妆品以及光催化剂用于太阳能电池中，可以用于空气净化污水处理以及除臭杀菌，可以制成防雾、防晕和自净化玻璃，同时 TiO$_2$ 还是高档涂料的原材料。TiO$_2$ 主要有 3 种结晶相：锐钛矿、金红石和板钛矿。3 种结晶相中金红石是稳定相，锐钛矿和板钛矿是亚稳态相，其中金红石是最稳定的晶型，结构致密，对紫外线吸收和反射能力最强。锐钛矿相的晶格参数 $c/a>1$，具有显著的光催化及光电活性，在室温下，当用 260nm 激发 TiO$_2$ 薄膜时，在 370～500nm 范围内呈现出很宽的发光带，其对应着不同的发光中心；此外用 545nm 激发 TiO$_2$ 薄膜时，在近红外区域

818nm 附近展示出半高宽较宽且强度较强的发光峰。而板钛矿相在性能以及稳定性方面与其他两种相相比，差距较大，同时板钛矿难以制备，在合成制备时都会避开此相的形成，所以很少研究。

钛白粉的生产方法主要有硫酸法和氯化法。硫酸法操作工序多、工艺流程长、综合能耗高、产生"三废"对环境的污染大；氯化法生产钛白具有产品质量好、环境污染小、自动化程度高等优点，已成为钛白生产的主流方式，产品广泛应用于颜料、塑料、化妆品、橡胶等行业。图 2-3 所示为氯化法生产钛白工艺示意图。其工艺流程主要分为富钛料氯化、$TiCl_4$ 提纯、$TiCl_4$ 氧化反应、产品后处理 4 大工序。各流程的主要反应式为：

富钛料的氯化：

$$TiO_2 + 2C + 2Cl_2 \longrightarrow TiCl_4 + 2CO \tag{2-1}$$

粗 $TiCl_4$ 的提纯：

$$TiCl_4(掺杂气体) \longrightarrow TiCl_4(纯液态) \tag{2-2}$$

$TiCl_4$ 氧化反应：

$$TiCl_4 + O_2 \longrightarrow TiO_2 + 2Cl_2 \tag{2-3}$$

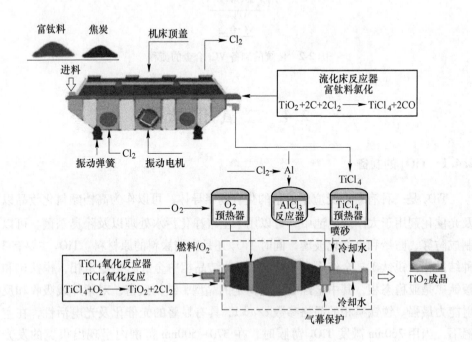

图 2-3　氯化法生产钛白工艺

式（2-1）为富钛料的氯化反应式，此反应温度控制在 $1000 \sim 1050℃$，富钛料、还原剂焦炭或石油焦在流化床反应器中被高温氯气（$900 \sim 1000℃$）氯化，由于 $TiCl_4$ 和其他杂质氯化物的熔沸点、蒸汽压、各组分的分压值以及杂质溶解度不同，氯化后的混合炉气经收尘、淋洗、沉降和过滤等工序处理后得到粗 $TiCl_4$；式（2-2）为粗 $TiCl_4$ 的提纯反应式，氯化后的 $TiCl_4$ 经有机物除钒，并除去高、低沸点的氯化物，经蒸馏制得精 $TiCl_4$；式（2-3）为 $TiCl_4$ 的氧化反应式，$TiCl_4$ 的氧化反应为精 $TiCl_4$ 加热蒸发（$400 \sim 450℃$）后，通入有添加剂 $AlCl_3$ 的容器中，吹入氧化反应器后与经预热的纯 O_2（约 $1500℃$）快速混合反应，制得 TiO_2 半成品和炉气进行冷却，气固分离后得到 TiO_2，并将 Cl_2 返回氯化工序循环利用。由于生成的 TiO_2 表面吸附有少量氯，必须先进行脱氯后送至后续工艺进行包覆等表面处理，最终获得合格的金红石型 TiO_2 产品。

随着我国经济的发展，各行业对钛白的需求也日益增加，特别是对高档金红石型钛白的需求尤为突出，高档金红石型钛白进口量呈逐年递增的趋势，且随着在医疗、环境保护等领域的推广应用，未来对钛白的需求量还会持续增加。目前，国际上完全掌握氯化法钛白生产技术的企业仅有科慕、特诺、康诺斯、日本石原等几家大公司，且上述公司对氯化法钛白生产关键技术实施严格垄断。我国对氯化法生产钛白粉的工艺研究起步比较晚，对相应反应混合情况和反应机理等理论基础知识匮乏，严重阻碍了相应设备的设计以及产品形态的控制等工业实践。我国需要突破氯化法工艺限制或者研究出一套新的制备工艺。

金红石型 TiO_2 折射率高、着色力好，遮盖力强，是当前最佳的白色颜料，在工业、农业、国防等方面得到了越来越广泛的应用。传统金红石型 TiO_2 的制备需经高温固相反应，经历由无定形→锐钛矿→金红石的转化过程。而高温往往会造成纳米颗粒的硬团聚，这为后续使用过程所需的分散带来了不便。目前仅有几种室温下合成金红石型 TiO_2 的方法，一般分为气相法和液相法，气相法属于高温反应，对耐腐蚀材质的要求很高，技术难度很大，产量低；液相法中比较典型的是溶胶-凝胶法，该法一般利用钛醇盐作为原料，成本较高，工艺流程较长，粉体的后处理过程中容易产生硬团聚。纳米 TiO_2 是一种优良的半导体材料，有较宽的禁带宽度，锐钛型为 $3.2eV$，金红石型为 $3.0eV$。纳米 TiO_2 具有良好的热稳定性、化学稳定性、抗氧化能力强、无毒无害、超亲水性、价格便宜、催化能力强、与食品直接接触等诸多优点。工艺也在不断更新，越来越多的新方法不断被提出。

Prasad 等人通过组合超声波辅助锐钛矿-金红石中 TiO_2 的相变过程，研究了其对相变、微晶尺寸、结晶度和形态性质的影响，可见表 2-1。在使用和不使用超声波的情况下观察到 TiO_2 的完全相变，用超声波获得 100% 相变。

表 2-1　不同处理方式对锐钛矿-金红石中 TiO_2 相变过程的影响

项目	样品	颗粒大小 /nm	主要相	金红石 占比/%	结晶度 比例/%	产量 占比/%
常规或非超声（NUS）溶胶-凝胶法	NUS450	10	锐钛矿	0	22.56	84.9
	NUS550	14	锐钛矿	0	26.94	85.5
	NUS650	26	锐钛矿	29.53	38.29	86.7
	NUS750	37	金红石	71.04	43.26	86.38
	NUS850	26	金红石	100	40.11	86.27
超声（US）辅助溶胶-凝胶法	US450	8	锐钛矿	0	21.19	95.3
	US550	10	锐钛矿	0	22.94	95.43
	US650	28	锐钛矿	16.49	40.05	95.2
	US750	30	金红石	100	43.21	95.12
	US850	28	金红石	100	42.67	94.34

　　杨少锋等人在常压下，在容器中加入 $Ti(SO_4)_2$ 的水溶液。将浓度为 2mol/L 的氨水或氢氧化钠溶液在室温下搅拌时滴入容器中。凝胶状的白色沉淀物立即形成。在沉淀反应结束时，将混合液的 pH 值控制在 7~8。通过离心分离产生的沉淀物与母液，再用蒸馏水清洗以去除 SO_4^{2-}。然后，沉淀在 HNO_3 的水溶液中以恒定的温度在溶液中溶解，在一定的时间内，混合物变得清晰透明，表明溶胶的形成，在这种温度下，这种溶胶被老化，使结晶析出。然后用蒸馏水清洗沉淀，然后在真空烤箱中以 60℃ 的温度烘干，以获得最后的白色金红石粉末。用液相法制备了金红石形态的 TiO_2 纳米晶，避免了锐钛矿-金红石的转变。

　　周忠诚等人用四氯化钛低温水解直接制备金红石型纳米 TiO_2，以 $TiCl_4$ 为原料，低温下液相水解可以直接制备金红石型纳米 TiO_2；异丙醇的加入起到一定的分散作用；只经干燥而不需煅烧即可得到金红石相质量分数高达 99.24% 的纳米 TiO_2 粉体。该工艺大大降低了金红石相的转化温度，具有原料便宜、能耗小的特点，是一种粉体收率高、质量好、成本低的液相合成纳米 TiO_2 粉体的新途径，特别是对制备金红石型纳米 TiO_2 粉体具有十分明显的优势。以氨水作为添加剂使其水解直接生成了金红石型 TiO_2，制得的 TiO_2 粒径小且分散均匀，粒径在 10~30nm；氨水不仅促进 $TiCl_4$ 水解而且起到了晶型转化促进剂的作用。煅烧温度越高，结晶越好，且粒径也明显增大，因此可以通过控制反应条件得到不同粒径的金红石相纳米 TiO_2，不同温度煅烧得到的 TiO_2 中金红石含量见表 2-2，在 400℃煅烧得到的产品为纯的金红石相。

表 2-2 不同温度煅烧后金红石相的含量

煅烧温度/℃	金红石相含量（质量分数）/%
80	99.24
300	99.63
400	100

Suresh 等人在微波辐射下，在 5~120min 的反应时间范围内，由四氯化钛水溶液合成 TiO_2，得到金红石和锐钛矿的混合物，在 160℃处理 2h 后，得到了单相金红石，且颗粒为均匀分散的球形。在冰水浴中溶解大量的 $TiCl_4$，然后与蒸馏水混合，调节溶液 pH 值为 7，恒温处理 1h，同时加以高速搅拌。制备了一种锐钛矿和金红石的混合物，且锐钛矿和金红石的一次粒径分别为 10.7nm 和 14.2nm。600℃煅烧能够使锐钛矿转变为金红石。

为控制合成过程中金红石相的含量，通过控制溶液中 Ti^{4+}/Ti^{3+} 摩尔比，在热液中水解制备 TiO_2。表 2-3 中为不同 Ti^{4+}/Ti^{3+} 摩尔比下合成 TiO_2 中各相的含量，当 Ti^{4+}/Ti^{3+} 摩尔比在 1:0 到 0.7:0.3 之间时，合成的 TiO_2 存在 3 种矿相，其中金红石相占主要成分。随着 Ti^{3+} 的增加，水解得到了 100% 纯相的金红石 TiO_2。Ti^{3+} 的量过高时，合成的产物中生成了大量的锐钛矿。通过改变原料中 Ti^{4+}/Ti^{3+} 的摩尔比，成功地合成了 100% 纯相的金红石 TiO_2。

表 2-3 不同 Ti^{4+}/Ti^{3+} 摩尔比制备 TiO_2 中各物相含量

样品编号	Ti^{4+}/Ti^{3+} 的摩尔比	锐钛矿含量/%	金红石含量/%	褐帘石含量/%
TiO_2-A	1:0	11.4	67.6	21.0
TiO_2-B	0.9:0.1	8.4	71.3	20.3
TiO_2-C	0.7:0.3	—	100	—
TiO_2-D	0.5:0.5	—	100	—
TiO_2-E	0.3:0.7	—	100	—
TiO_2-F	0.1:0.9	54.5	44.5	—
TiO_2-G	0:1	72.3	27.7	—

　　为合成具有蒲公英状的球形金红石 TiO_2 颗粒，在水热制备的过程中，添加特定的二醇溶剂，合成的过程如图 2-4 所示。制备过程可分为 3 个步骤：四氯化钛水合、添加二醇溶剂和水解缩合。首先，将四氯化钛和水在冰浴中以体积比 1/10 混合并搅拌 1h，以产生水合的钛络合物。其次，将体积与第一步骤中水相同的二醇-水溶剂混合物加入，在温度为 25℃ 的条件下，搅拌 1h，以形成水合钛二醇络合物以延缓水解和缩合。再次，将上述溶液在 70℃ 保温 2h，延迟水解和缩合导致了结晶金红石型结构的均匀成核，产生了棒状晶核，随后通过沿着晶核向金红石相的 [001] 面的方向随机延伸生长，以形成具有蒲公英状分层结构的分散金红石 TiO_2 纳米球，纳米球的直径为 400~550nm。

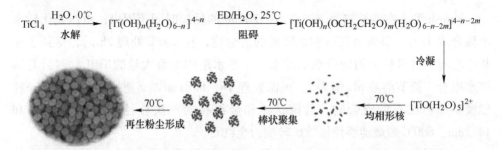

图 2-4　热溶剂控制合成纳米分散 TiO_2 蒲公英状金红石球体的形成机制

　　贺明等人将 $K_2Ti_6O_{13}$ 晶须加入 1mol/L 的 HCl 水溶液，然后在不锈钢聚四氟乙烯衬中，200℃ 保持 12h，合成了孪晶金红石型 TiO_2。随着晶粒的细长粗化，具有高表面能的暴露平面的减少导致附聚物的破碎和随后形成规则孪晶形态。Mathata 等人通过水解异丙醇钛醇溶液，制备了纳米球形的 TiO_2 粉末，颗粒的大小为 7.6~38.7nm。

　　闫金红等人在低温下，通过乙醇辅助水热反应合成了金红石型 TiO_2 纳米管，在该方法中，所使用的醇类和水与乙醇的比例对于最终产物的形态和结构是重要的。纳米管的演变遵循初始短纳米管的定向组装路线。在 NaOH 溶液中，当醇：水为 1：1 时，所制备的纳米管如图 2-5 所示，高收得率的金红石 TiO_2 纳米管成功合成。尽管纳米管形成的详细机理尚不完全清楚，但这项工作提供了第一个证据，即金红石纳米管可以通过液体方法轻松获得，而无须复制模板。预计合成的金红石纳米管具有作为光催化剂、光氧化剂、电极材料和电容器的潜在应用。

　　一些研究者以粗 $TiCl_4$ 为主要原料，采用气相氧化法制备出金红石型 TiO_2，气相氧化法的工艺流程如图 2-6 所示。主要包括提纯和氧化两个阶段，$TiCl_4$ 提纯

图 2-5 在 NaOH 溶液中醇：水 = 1：1 时制备的金红石纳米管的 SEM 图

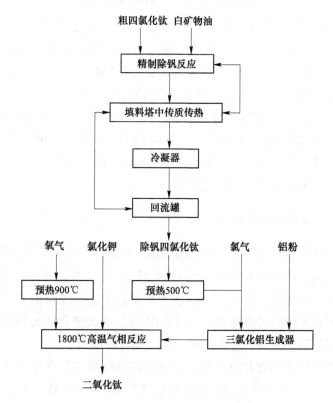

图 2-6 $TiCl_4$ 气相氧化制备 TiO_2 的工艺流程

通过白矿物油除钒处理。氧化的过程在氧化反应器内进行，$TiCl_4$ 与 O_2 发生的化学反应主要有：

$$TiCl_4(g) + O_2(g) \longrightarrow TiO_2(s, R \text{型}) + 2Cl_2(g) \tag{2-4}$$

$$TiCl_4(g) + O_2(g) \longrightarrow TiO_2(s, A\ 型) + 2Cl_2(g) \tag{2-5}$$

$$TiCl_4(g) + \frac{5}{6}O_2(g) \longrightarrow \frac{1}{3}Ti_3O_5(s) + 2Cl_2(g) \tag{2-6}$$

$$TiCl_4(g) + \frac{3}{4}O_2(g) \longrightarrow \frac{1}{2}TiO_3(s) + 2Cl_2(g) \tag{2-7}$$

$$TiCl_4(g) + \frac{1}{2}O_2(g) \longrightarrow TiO(s) + 2Cl_2(g) \tag{2-8}$$

另外，因为金红石型的 $TiO_2(R)$ 比锐钛型的 $TiO_2(A)$ 稳定，在一定温度下式（2-5）反应生成的 $TiO_2(A)$ 会转化成 $TiO_2(R)$，反应式如下：

$$TiO_2(s, A\ 型) \longrightarrow TiO_2(s, R\ 型) \tag{2-9}$$

在反应的体系有 $AlCl_3$ 的加入，$AlCl_3$ 比 $TiCl_4$ 能更优先氧化生成 Al_2O_3，Al_2O_3 微晶核可成为诱导 $TiCl_4$ 氧化反应的核心，因此是有效的成核剂；$AlCl_3$ 同时还是有效的晶型转化剂，加入适量的 $AlCl_3$ 能使锐钛型 TiO_2 向金红石型 TiO_2 晶型转化速度显著提高，并有利于获得粒度均匀的产品。在气相氧化的过程中，KCl 作为离子剂加入，它的加入提高了粉体的分散性，获得了均匀的粒度分布，细化了晶粒，可以调节粉体的消色力。虽然 $TiCl_4$ 气相氧化生成 TiO_2 是一个放热反应，但其放热量不足以维持反应在高温下进行，因此，在工业上实施 $TiCl_4$ 气相氧化反应生产 TiO_2 时须另外补充热量。

2.4.2　TiO_2 对重金属离子的吸附

TiO_2 由于其具有稳定性好、催化活性高、快速、经济、可回收利用等优点，成为了近年来纳米材料用于环保领域中研究最多、最具发展前景的高新技术材料之一。TiO_2 是一种环境友好型材料，由于其粒径小、比表面积大，TiO_2 除光催化能力外，还有良好的吸附能力，同时利用 TiO_2 的光催化能力和吸附能力对重金属产生作用是研究的一个重要方向，提高 TiO_2 的利用率。

TiO_2 作为吸附剂和催化剂，被广泛地应用到吸附催化重金属高价铬离子领域。"水分散性" TiO_2 纳米粒子，用于催化还原水中的 $Cr(Ⅵ)$ 离子，当 $Cr(Ⅵ)$ 离子初始浓度为 $10mg/L$ 时，100% 的 $Cr(Ⅵ)$ 离子在 $10min$ 内被还原为 $Cr(Ⅵ)$ 离子，与商业 TiO_2 纳米粒子（P25）相比，"水分散性" TiO_2 纳米粒子的光催化活性高 3.8 倍。为进一步提高 TiO_2 的催化和吸附活性，将 TiO_2 与其他物质复合，以增强 TiO_2 的性能。将 TiO_2 和太酸盐纳米管混合，实现了简化催化还原和吸附的两步法除 $Cr(Ⅵ)$ 离子，减少了超过 50% 的反应时间。利用 TiO_2 纳米颗粒修饰的还原氧化石墨烯，与 TiO_2 纯相比，由于光吸收强度和波长范围的增加，最大去除率分别为 86.9% 和 54.2%，大大提升了催化效率。

作为吸附剂，由于 TiO_2 具有良好的稳定性，更加具有优势。钟德建等人制备了高指数晶面的 TiO_2，在对 Cr（Ⅵ）吸附实验中，最大吸附容量达到了 13.2mg/g。张冬云利用纳米 TiO_2 粉体对 Cr（Ⅵ）进行吸附，显示出了良好的吸附性能，最大吸附容量达到了 47.9mg/g。

李鹏刚等人研究介孔聚多巴胺/TiO_2 复合纳米微球的 Cr（Ⅵ）的吸附和还原转化行为，PDA/TiO_2-（0.25、0.5、1.0、1.5）对 Cr（Ⅵ）去除率如图 2-7 所示，该结果表明，复合材料的去除效率随着接触时间增加。当接触时间为 0.5h，PDA/TiO_2-1.0 的去除效率明显高于其他复合材料，但是当接触时间增加到 30h，PDA/TiO_2-0.5 的去除效率明显高于其他复合材料。PDA/TiO_2-（0.25、0.5、1.0、1.5）的最大去除能力分别为 126.98mg/g、158.12mg/g、157.1mg/g 和 142.74mg/g。这些结果表明，在 PDA/TiO_2-0.5 复合材料的 Cr（Ⅵ）的最高去除效率为 158.12mg/g。尽管 PDA/TiO_2-1.5 复合材料具有充足的官能团，但是复合材料的较低，而且所述官能团不暴露，从而减少 Cr（Ⅵ）的去除效率。PDA/TiO_2-0.25 复合材料具有较高的 BET 表面积，而且所述官能团的量较低，这导致 PDA/TiO_2-0.25 具有在这几组复合材料中最低的去除效率。PDA/TiO_2-0.5 复合材料具有较高的 BET 表面积，去除效率比其他几组材料好。

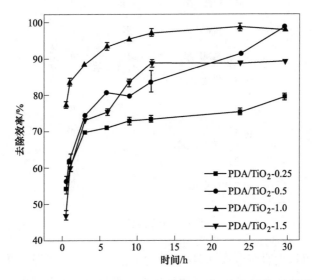

图 2-7　PDA/TiO_2-（0.25、0.5、1.0、1.5）对 Cr（Ⅵ）去除率

（pH 值为 1.5，200mg/L，25℃）

3 微波特点及在冶金中的应用

◆◆

3.1 微波简介

微波是介于无线电波与红外线波长之间的电磁波，频率区间为 300MHz ~ 300GHz，其波长频率公式为：

$$\lambda = v/f \qquad (3-1)$$

微波在空气中速度为 $3 \times 10^8 \mathrm{m/s}$，即微波波长区间为 $1\mathrm{mm} \sim 1\mathrm{m}$，在电磁波谱图中的位置如图 3-1 所示。从图 3-1 中可以看出，微波的波长较短，但对应频率较高，说明微波的穿透能力较强，常用的微波频率有 915MHz 和 2450MHz。

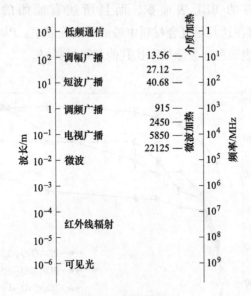

图 3-1 电磁波谱图

微波通常可以由直流电或 50Hz 交流电通过磁控管来获得，低功率微波可通过二极管或速调管振动器产生，高功率微波一般通过磁控管产生。微波用于加热的技术最早追溯于 20 世纪 40 年代，第二次世界大战期间，磁控管的出现给工程

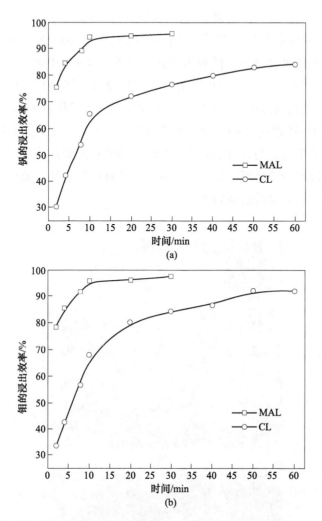

图 3-5 微波加热（MAL）与常规加热（CL）V 和 Mo 的浸出率与时间关系对比

（a）微波加热（MAL）与常规加热（CL）V；（b）微波加热（MAL）与常规加热（CL）Mo

3.2.3 微波碳热还原

碳具有较好的吸微波能力，在短时间辐射下温度可以快速升至 1000℃ 以上。在某些条件下能将吸波性能良好的碳与其他吸波性能较差的物料混合，以提高混合物料的吸波性能，增加微波加热处理物料的可行性。与常规加热相比，微波加热在碳热还原上一般具有较高的还原率。有研究提出还原率升高的原因可能是物料吸收并储存部分微波能，使本应该达到平衡的反应继续反应。

Ye 等人研究了微波加热碳热还原低品位软锰矿。通过 XRD、SEM 和 EDS 表征了还原样品的晶体结构。结果表明，含碳量为 10% 的 50g 样品在 200W 微波辐射下，可以 6min 从室温升至 800℃，加热平均速率为 165.2℃/min，混合均匀样品具有良好的微波吸收特性。随着微波还原温度从 400℃ 升高到 800℃，还原率从 16.56% 增加至 97.2%。扫描电镜显示微波处理后的样品尺寸分布宽，可能是小颗粒烧结后形成，如图 3-6 所示。当微波加热至 800℃ 保温 40min，还原剂比例为 10% 时，MnO_2 还原成 MnO 的还原率为 97.2%，Fe_2O_3 几乎完全转化为 Fe_3O_4，并且没有二价铁生成。与常规加热在 1000~1350℃ 还原低品位软锰矿相比，微波加热在较低温度和较低还原时间完成了低品位软锰矿的还原，此外微波加热还具有低能源消耗和高质量的还原特点。

图 3-6   微波加热碳热还原低品位软锰矿的 SEM 图谱

(a) 未经微波辐射；(b) 微波加热 800℃ 保温 40min 后

　　Yoshikawa 等人研究了微波碳热还原含铬废钢渣回收铬。研究表明，纯 Cr_2O_3 在热力学温度更低的情况下发生，采用单模和多模微波发生器对强化反应动力学进行研究。在微波场下，含铬废钢渣脉石成分较多，本身的吸波性能较差，最高能升至200℃，需要混合5%吸波性能较好的石墨，可以使混合物样品在 10min 升至1000℃。Cr_2O_3 吸波升温前期会有温度较为平缓的过程，然后突然开始升温。微波加热的样品温度不均匀，Cr_2O_3 吸波性能较好会优先吸波，形成片状金属，导致了局部区域的测量温度较高，让还原反应优先在高温区进行。造成温度不均匀的可能性有：

　　（1）Cr_2O_3 本身介电特性的影响，在不同温度下的介电特性变化会导致升温过程不稳定。

　　（2）局部的电弧效应产生的等离子体增强了还原反应的动力学。

　　M Mourao 等人研究了微波碳热还原铁矿石。结果表明，与常规加热相比较，微波可避免对流、传导等引起的热损耗，大大地提高了能量的利用效率，微波碳热还原比常规加热更具有优势；木炭和焦粉均可作还原剂，但混合物料配木炭时，升温和还原速率更快；微波场中，水泥的配入可提高铁矿球团的升温速率，增强还原反应的进程。N Standish 等人研究了微波加热碳热还原铁矿球团。对比常规加热，微波加热可以提高铁矿球团的还原率，还可以降低反应的活化能。微波加热可以很好地克服碳热还原的冷中心问题，而常规加热方式不能较快地提供反应热量，而微波加热的整体加热由内向外的加热特点解决了这个问题。在微波加热中，物料质量越小越容易加热，加热速率越快，增加物料质量会达到加热速率的限制平台。

　　Lei 等人研究了微波碳热还原钛铁矿。研究了 800~1100℃ 的微波加热还原过程和 900~1200℃ 的常规加热还原过程。结果表明，微波加热 800℃ 氧化 30min，钛铁矿相完全转化为 Fe_2TiO_4 和 Fe_2O_3，得到了较高的还原率，并且降低了钛铁矿的还原温度和还原时间。两种加热方法的还原产物经 X 射线衍射分析后，均出现了 M_3O_5 物相，但是微波能通过低温反应和分子振动在一定程度上破坏 M_3O_5 的稳定性。微波加热还原率远高于常规加热，它的原因可能是微波的选择性加热在混合物料间形成了热点。微波加热还对钛铁矿产物的物相和形貌有比较特殊的影响，因为有用矿物与脉石的介电常数、膨胀系数差异，混合物料内部出现了大量的裂纹和孔隙，如图 3-7 所示，出现裂纹的位置包括两相之间和同相基体之间，对气体扩散和之后的分离浸出都有很强的作用。

　　何慧悦等人也研究了微波碳热还原钛铁矿以及钛铁的分离。研究表明，钛铁矿和还原剂石墨吸波性能良好，在 4min 可以升至 800℃ 以上，钛铁矿能在微波场

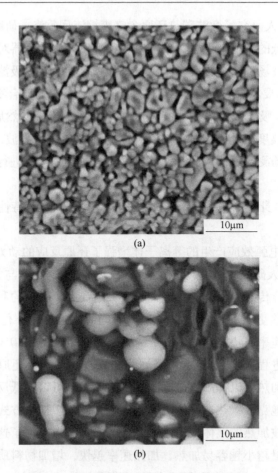

图 3-7　微波碳热还原钛铁矿的扫描电镜图

（a）微波加热至 1000℃保温 20min；（b）常规加热至 1000℃保温 180min

中被快速还原为 Fe、$Fe_3Ti_3O_4$ 和少量 TiO_2 相。且还原过程进行 2min 后，经过 X
射线衍射分析产物出现铁相，说明铁会在微波加热形成的热点上迁移富集至矿物
表面，热点位置的钛铁矿还原导致钛铁矿晶格氧和铁含量减小，最后形成球状
铁，与钛分离，如图 3-8 所示。还原产物经 BET 吸附试验分析后，比表面积明显
增大，增大的原因就是球状铁附着在矿物表面，增加了矿物的粗糙度，同时钛铁
矿还原过程中形成的气相产物扩散通道，对比表面积增加也有一定的作用。
Samouthos 等人研究了微波碳热还原氧化铜精矿和碱式碳酸铜精矿。微波功率、
碳含量、矿物颗粒尺寸对氧化铜的微波碳热还原均有影响。在温度范围 25 ~
800℃内，采用谐振腔微扰法在 2.45GHz 和 915MHz 处测定了两种矿物的复介电
常数。结果显示氧化铜精矿介电常数为 1.9 ~ 36.3，具有良好的微波吸收特性，

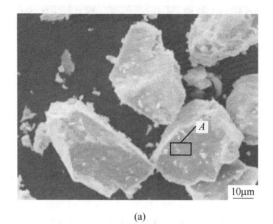

(a)

(b)

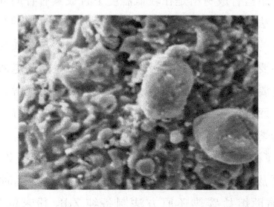

(c)

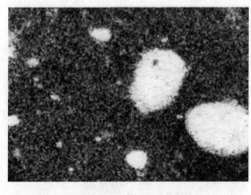

(d)

图 3-8　微波还原后产物 SEM 图谱

(a) 钛铁矿原料；(b) 微波还原产物；

(c) 钛铁矿微波还原产物电子图像；(d) 还原产物表面铁元素面分布

A—Fe；B—$Fe_3Ti_3O_4$；C—TiO_2

用微波碳热还原氧化铜精矿具有可行性；而碱式碳酸铜精矿介电常数为 0.1～0.4，吸波性能较差，氧化铜精矿的升温速率比碱式碳酸铜精矿要高。在微波功率 800W，还原剂采用褐煤，碳氧比设置为 2:1 的条件下，在 4min 内还原了 10g 的氧化铜。而对于碱式碳酸铜精矿而言，褐煤无法作为碳热还原的还原剂。因为物料吸波特性较低，通过增加 5% 的石墨作为还原剂能够使混合物料快速升温，在相同条件下，微波碳热还原碱式碳酸铜为氧化铜的还原率为 90%。

3.2.4　微波熔盐沉积

微波加热辅助熔盐合成材料是在较低温度下合成具有各向异性颗粒形态的氧化物粉末的合适方法，微波熔盐沉积因其显著降低某些材料的合成温度和保温时间，减小最终产物的平均尺寸，现多用于材料合成。熔盐介质与水溶液和有机介质相比，优越性主要有电导率高、电极反应速度快以及熔盐电解质本身的分解电位高。许多活泼金属的电解生产，如铝、镁、钠及稀有金属等，都是采用熔盐电解质进行电解的。而且许多元素能在这些熔盐体系中溶解，并生成低熔点物质，表明这些体系作为熔盐介质具有很大的意义。

Liu 等人研究了微波辅助熔盐碳热还原 ZrO_2 和 B_4C 制备 ZrB_2 粉末。结果表明，ZrB_2 的开始合成温度降至 1150℃，但是很难在较短加热时间制备大量 ZrB_2 粉末。采用微波辅助熔盐碳热还原方法制备纯 ZrB_2 粉末的最佳制备条件为 1200℃ 加热 20min。相比传统加热制备纯 ZrB_2 粉末，微波加热的合成温度和时间均明显降低，并且合成的 ZrB_2 粉末具有更单一的高取向棒状纳米结构，直径为 40~80nm，如图 3-9 所示。熔盐与微波结合作用是降低合成温度和时间的主要原因。Zeng 等人研究了微波辅助熔盐硼/碳热还原 $ZrSiO_4$、B_4C 和碳粉制备纯 ZrB_2-SiC 粉末。结果表明，纯 ZrB_2-SiC 粉末可以在 1200℃加热 20min 制得，而常规加热需要在 1500℃加热至少几小时。微波加热可以得到单晶各向异性的 ZrB_2 粉末，成近六边形形态，而没有观察到 SiC 粉末，因为其具有低的结晶度。通过设置 NaCl-KCl 熔盐/反应物料质量比为 0.5、1.0 和 2.0，研究熔盐量对合成的影响，结果表明，随着质量比增加，$ZrSiO_4$ 量逐渐减小，合成速度与质量比大小无关。在较低温度和时间下合成纯 ZrB_2-SiC 粉末的机理可以解释为微波与熔盐的协同效应。

图 3-9 微波辅助熔盐碳热还原 ZrO_2 和 B_4C 制备 ZrB_2 粉末扫描电镜图

（a）微波加热前；（b）微波加热后

H Hao 等人采用了微波辅助熔盐合成法合成 $Bi_4Ti_3O_{12}$(BTO)。微波熔盐沉积可以在 600℃、30min 下生成呈各向异性的 BTO 晶粒。提高温度和浸泡时间可以使 BTO 的板状颗粒更加清晰。盐含量持续增加时，颗粒尺寸没有明显变化。Huang 等人以 ZrO_2 和 $CaCl_2$ 为原料，熔融 LiCl 和 Na_2CO_3 为反应介质，采用微波辅助熔盐（MMSS）合成了 $CaZrO_3$ 粉体。$CaZrO_3$ 粉末可以使用微波熔盐沉积方法在 900℃ 下保温 3h 合成，该合成温度比常规加热方法所需的温度低至少 100℃。通过场发射扫描电镜和透射电镜观察 $CaZrO_3$ 粉末的微观结构和相组成，$CaZrO_3$ 粉末的晶体尺寸为 100~300nm。黄毅等人以高纯 $AlCl_3$ 和 Li_3N 为反应原料，在 NaCl 和 KCl 混合溶剂中使用微波熔盐沉积法于 700℃ 制备出了 AlN 纳米晶，而常规加热方法的合成温度为 1500℃ 以上。梁宝岩等人用 Ti 和 CBN 粉体，通过微波熔盐法在 CBN 表面反应生成氮化物纳米材料，XRD 分析得到的产物较之前衍射强度均有提高。

在熔盐沉积合成材料中微波体现出很好的优势，而具体强化的原因还没有明确报道。微波可能会将起始材料极化，让电子和离子的电导率损失与微波场耦合，微波还可能强化熔盐中分子或离子扩散过程，最终达到降低温度和保温时间的目的。

3.2.5　微波干燥冶金物料

微波可以加热极性结构分子，而水分子结构呈极性，在极化时间和电场变换时间的弛豫作用下，水分子可以将得到的微波电磁能转换为物料的内能升高温度。微波的整体加热性可以让微波能辐射到整个物料表面，而微波较强的穿透性能使微波能进入物料中心，从而使水分子在物料的每个部位发生弛豫作用快速升温。

Pickles 等人在红土镍矿球团的微波干燥中，研究了物料质量、比表面积、压块压力和微波功率对物料干燥速率的影响。一般红土镍矿中含有大量的游离水和结晶水，在提取红土镍矿有价金属前会除去其中的游离水和结晶水。在微波频率为 2460MHz 下，连续测量物料质量，确定干燥速率。并在 44~228℃，与常规干燥法对比。研究结果表明，微波干燥速率比常规干燥速率高两倍到三倍。原因可能是微波加热形成的逆温度梯度，促进了水的传质。Lv 等人研究了微波加热菲律宾红土镍矿的干燥动力学。用于干燥的红土镍矿中含有大量的游离水、结晶水和结合水。含结晶水物相为 $Ca_3Al_6Si_{10}O_{32}(H_2O)_{13}$，含结合水物相为 FeO(OH) 和 $Mg_5(Al,Cr)AlSi_3O_{10}(OH)_8$。研究结果表明，红土镍矿的干燥过程可以分为两个阶段，第一阶段为游离水的除去，第二阶段为结晶水和结合水的除去。随着物料粒径和微波功率的增加，干燥所需时间和能耗均下降。通过计算有效扩散率和活化能，第一、第二阶段的活化能分别为 27.66W/g 和 32.80W/g，第二阶段比第一阶段要高。J. Suhm 研究了微波干燥陶瓷材料。研究结果表明，物料的介电特性与物料中水含量有关，将影响物料的干燥。当物料含水量大于 15% 时，对物料的介电特性影响较大，水含量决定了物料的吸波能力，大部分辐射物料的微波能被水分子吸收产生热量。含水量在 5%~15% 时，物料的复介电常数决定吸波能力。当物料本身能够吸波时，复介电常数与温度的变化作用强弱起决定性作用。部分陶瓷材料在微波辐射下，达到特定温度就能脱去化学结合水。

Li 等人在微波干燥钛铁矿中，研究了微波功率和物料质量对物料水分含量、干燥速率和水分比对干燥特性的影响。研究结果表明，微波功率为 119~700W 时，物料质量为 5~25g，干燥完成的时间为 2~8min。微波功率显著影响物料的水分含量和干燥速率。在微波干燥过程中，初始阶段均会出现温度加速峰。在微波功率为 385W 和 25g 物料质量条件下，研究了干燥动力学。实验结果表明钛铁矿干燥更适合 Henderson-Pabis 指数模型，而不是 Page 的半经验模型。干燥速率常数 k 随着微波功率的增加和样品质量的降低而增加。Liu 等人测量了石油焦在 20~100℃、微波频率 2.45GHz 的介电性能。使用响应表面方法研究了干燥温度、干燥时间和物料质量对石油焦的水分含量和脱水速率的影响。实验结果表明，介电常数、损耗因子和损耗角正切都随着水分含量的增加而呈线性增加。将石油焦的介电常数、损耗因子和损耗角正切与水分含量之间通过预测性经验模型拟合，发现温度升高 20~100℃ 可以提高介电性能。响应曲面法分析表明，最佳工艺条件为微波干燥温度 75℃，干燥时间 10s，物料质量为 60g。Liu 等人研究了典型冶金物料含水量对微波干燥的影响，并利用响应曲面法优化了干燥温度、干燥时间、物料质量和微波功率与最佳干燥速率的工艺条件。研究表明，当物料层平均厚度为 18mm 时，在温度 93℃ 下干燥 20min，分子筛的相对脱水率为 99.37%；在高钛渣的微波干燥特性中，干燥温度、时间以及物料质量对其相对脱水率的影响显著，通过响应曲面法优化发现在温度为 75~76℃、干燥时间 10s、物料质量 60g 时，高钛渣和石油焦的含水率由 5% 下降至 0.28% 和 0.34%。

在微波干燥中，物料中所含水分子包括自由水和结晶水，微波对含水成分不同的物料干燥效果不一的主要原因是含水量和含水性质不同，微波对物料的加热效果取决于物料的结构性质。

4 原价态选择性氯化提取
钒渣中有价元素

4.1 NH₄Cl 选择性氯化钒渣

为了回收钒渣中的有价金属元素（Fe、Mn、V、Cr 和 Ti），同时考虑到钒渣中的钒、铬和钛的价值高，铁和锰的价值相对较低。因此，提出有价元素的分级回收。固体氯化剂 NH_4Cl 是联碱企业急需解决的副产品，同时 NH_4Cl 的氯化能力弱，因此，采用 NH_4Cl 选择性氯化提取钒渣中的铁和锰。本节重点考察氯化因素对钒渣中铁和锰的氯化效果，优化氯化工艺及氯化剂的循环利用。

4.1.1 选择性氯化热力学

图 4-1 所示为钒渣的 XRD 图谱，由图可知，钒渣的主要物相组成为：尖晶石相（$(Fe,Mn)(Cr,V)_2O_4$、$Fe_{2.5}Ti_{0.5}O_4$）和橄榄石相（$(Fe,Mn)_2SiO_4$），其中钒铬尖晶石属于 AB_2O_4 结构，A 位为 2 价元素铁、锰，B 位为 3 价元素钒、铬；铁在钒渣的物相中表现为 2 个价态，Fe^{2+} 存在于 $(Fe,Mn)(Cr,V)_2O_4$、$Fe_{2.5}Ti_{0.5}O_4$ 和

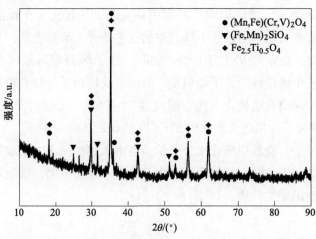

图 4-1 原始钒渣的 XRD 图谱

$(Fe,Mn)_2SiO_4$ 相中，Fe^{3+} 存在于 $Fe_{2.5}Ti_{0.5}O_4$ 相中。图 4-2 所示为原始钒渣的 SEM 图，可以看出，铁锰均匀分布在尖晶石和橄榄石相中，铬钒分布在尖晶石中，硅分布于橄榄石相中；尖晶石相和橄榄石相是相互包裹的。

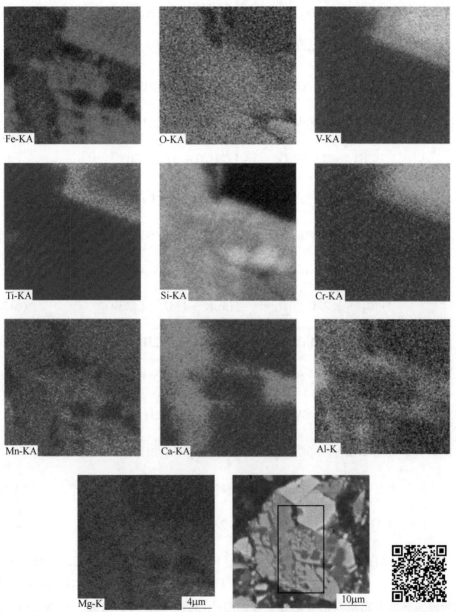

图 4-2　钒渣的显微形貌与元素分布

扫一扫看更清楚

在钒渣氯化过程中可能发生如下化学反应：

$$NH_4Cl =\!=\!= NH_3 + HCl \tag{4-1}$$

$$HCl + 1/4Fe_2TiO_4 =\!=\!= 1/4SiO_2 + 1/2H_2O + 1/2FeCl_2 \tag{4-2}$$

$$HCl + 1/4Fe_2SiO_4 =\!=\!= 1/4SiO_2 + 1/2H_2O + 1/2FeCl_2 \tag{4-3}$$

$$HCl + 1/2FeCr_2O_4 =\!=\!= 1/2Cr_2O_3 + 1/2H_2O + 1/2FeCl_2 \tag{4-4}$$

$$HCl + 1/2FeV_2O_4 =\!=\!= 1/2V_2O_3 + 1/2H_2O + 1/2FeCl_2 \tag{4-5}$$

$$HCl + 1/6Fe_2O_3 =\!=\!= 1/2H_2O + 1/3FeCl_3 \tag{4-6}$$

$$HCl + 1/4Mn_2SiO_4 =\!=\!= 1/4SiO_2 + 1/2H_2O + 1/2MnCl_2 \tag{4-7}$$

$$HCl + 1/4Mn_2TiO_4 =\!=\!= 1/4TiO_2 + 1/2H_2O + 1/2MnCl_2 \tag{4-8}$$

$$FeCl_2 + 1/2Mn_2TiO_4 =\!=\!= MnCl_2 + FeO + 1/2TiO_2 \tag{4-9}$$

$$FeCl_2 + 1/2Mn_2SiO_4 =\!=\!= MnCl_2 + FeO + 1/2SiO_2 \tag{4-10}$$

$$HCl + 1/2MnV_2O_4 =\!=\!= 1/2V_2O_3 + 1/2H_2O + 1/2MnCl_2 \tag{4-11}$$

$$HCl + 1/4TiO_2 =\!=\!= 1/4TiCl_4 + 1/2H_2O \tag{4-12}$$

$$HCl + 1/6V_2O_3 =\!=\!= 1/3VCl_3 + 1/2H_2O \tag{4-13}$$

$$HCl + 1/6Cr_2O_3 =\!=\!= 1/3CrCl_3 + 1/2H_2O \tag{4-14}$$

$$NaCl + 1/2MnO + 1/2SiO_2 =\!=\!= 1/2Na_2SiO_3 + 1/2MnCl_2 \tag{4-15}$$

$$NaCl + 1/2FeO + 1/2SiO_2 =\!=\!= 1/2Na_2SiO_3 + 1/2FeCl_2 \tag{4-16}$$

使用 FactSage 6.4 软件计算反应式（4-1）~式（4-10）反应不同温度下标准吉布斯自由能，反应式中的物质状态选择稳定态。图4-3（a）和图4-3（b）所示为反应标准吉布斯自由能随着温度的变化曲线。由图4-3可知，随着温度的增加，NH_4Cl 迅速地分解为 NH_3 和 HCl。因此，钒渣中的物相应该是被氯化氢进行氯化后的产物。

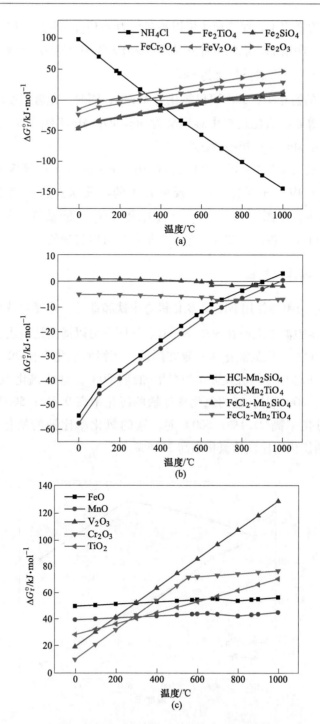

图 4-3　随着温度变化的标准吉布斯自由能

（a）反应式（4-1）~式（4-6）；（b）反应式（4-7）~式（4-10）；（c）反应式（4-12）~式（4-16）

在含 Fe^{2+} 的物相中，亚铁离子可以被氯化为 $FeCl_2$，同时，随着温度的增加，标准吉布斯自由能增加，氯化由难到易顺序为 $Fe_2O_3 > FeCr_2O_4 > FeV_2O_4 > Fe_2TiO_4 > Fe_2SiO_4$。因此，$Fe^{3+}$ 无法被氯化为 $FeCl_3$。

在含 Mn^{2+} 的物相中，Mn^{2+} 可以氯化为 $MnCl_2$，同时，随着温度的增加，标准吉布斯自由能增加。氯化趋势由难到易为 $Mn_2SiO_4 > Mn_2TiO_4$。而且，$FeCl_2$ 作为氯化剂可以氯化 Mn_2TiO_4 相中的锰。

根据反应式（4-12）~式（4-14），使用 FactSage 6.4 计算 V_2O_3、Cr_2O_3 和 TiO_2 与 HCl 的反应吉布斯自由能，反应式中的物质状态选择稳定态，结果如图 4-3（c）所示。由图可知，V_2O_3、Cr_2O_3 和 TiO_2 不能被氯化氢氯化。因此，从热力学计算可知，钒渣中铁锰的选择性氯化是可以实现的。

4.1.2　NH_4Cl 选择性氯化

图 4-4 所示为单独使用 NH_4Cl 氯化钒渣中铁和锰时，温度对铁和锰的氯化率的影响规律。实验温度选择在 300~800℃。从图中可以清楚地看出，随着温度从 300℃增加到 800℃，铁的氯化率一直在降低；而锰的氯化率在 300℃到 600℃范围呈现逐渐增加趋势，但温度从 600℃增加到 800℃，锰的氯化率快速地降低。同时由图可知，400℃时，锰的氯化率比铁的氯化率高 9.8%；500℃时，锰的氯化率比铁的氯化率高 21.1%；600℃时，锰的氯化率比铁的氯化率高 29.4%。800℃时，锰的氯化率比铁的氯化率高 27.5%。

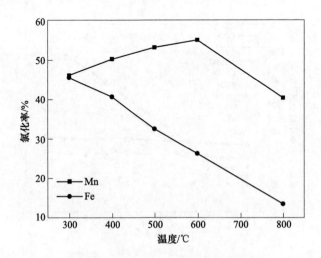

图 4-4　温度对铁和锰氯化率的影响

（NH_4Cl 和熔盐质量比为 3∶1，4h，无 NaCl）

图 4-5 所示为 400℃ 氯化残渣的 XRD 图谱，由图可知，已经检测不到 Mn_2SiO_4 相，说明 Mn_2SiO_4 已被氯化形成 $MnCl_2$ 和 SiO_2。虽然从热力学上分析，随着温度升高，不利于氯化反应进行。但是，一般而言，从动力学上，增加温度，有利于 HCl 和 MnO 反应。随着温度从 600℃ 增加到 800℃，锰的氯化率迅速降低，由于 NH_4Cl 的快速分解，HCl 未能和钒渣充分反应。

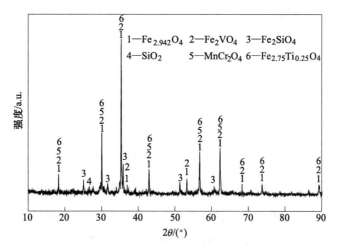

图 4-5 水浸残渣的 XRD 图谱

(400℃，4h，NH_4Cl 和熔盐质量比例为 3:1)

随着温度从 300℃ 增加至 800℃，铁的氯化率迅速降低，图 4-5 表明，在 400℃ 条件下，$Fe_{2.75}Ti_{0.25}O_4$ 相出现，在 $Fe_{2.75}Ti_{0.25}O_4$ 相中，Fe^{2+}/Fe^{3+} 的摩尔比为 1.5:1，然而，在 $Fe_{2.5}Ti_{0.5}O_4$ 相中，Fe^{2+}/Fe^{3+} 的摩尔比为 0.83:1。因此，可以看出 $Fe_{2.5}Ti_{0.5}O_4$ 相中的铁部分被氯化。同时，从热力学上，$FeCl_2$ 可以作为氯化剂和 Mn_2TiO_4 相反应，使铁的氯化率降低。

铁和锰元素均匀分布于橄榄石相和尖晶石相中。从热力学上，MnO 比 FeO 更容易氯化，$FeCl_2$ 可以作为氯化剂把 MnO 氯化。在 $Fe_{2.5}Ti_{0.5}O_4$ 相中，铁有 2 价铁离子和 3 价铁离子共存，Fe_2O_3 在实验温度不能被 HCl 氯化。因此，铁的氯化率比锰的氯化率低。

4.1.3 NH₄Cl 和 NaCl 协同氯化

4.1.3.1 温度对铁和锰氯化率的影响

当 NH_4Cl 和熔盐的质量比为 3:1，$NaCl$-NH_4Cl 的质量比为 0.308:1，不同反应温度条件下得到的铁、锰的氯化率如图 4-6 所示。

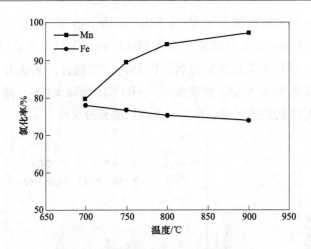

图 4-6　不同温度下，铁和锰的氯化率

（NH$_4$Cl 和熔盐质量比为 3∶1，NaCl 和 NH$_4$Cl 质量比为 0.308∶1，4h）

　　加入 NaCl 之后，铁、锰的氯化率显著提高。随着温度从 700℃ 增加至 900℃，锰的氯化率显著增加，铁的氯化率缓慢降低。对经800℃焙烧得到氯化钒渣未经过水洗和经过水洗的样品进行了 XRD 物相分析。从图 4-7 可知，用水浸出的主要物相为 NaAlSi$_3$O$_8$、Fe$_{2.94}$O$_4$、(V$_{0.5}$Ti$_{0.5}$)$_2$O$_3$、SiO$_2$、Fe$_{2.75}$Ti$_{0.25}$O$_4$、NaCl、FeCl$_2$(H$_2$O)$_2$、Na$_6$MnCl$_8$ 和 FeCr$_2$O$_4$。结果表明，在 FeV$_2$O$_4$ 和 Fe$_2$SiO$_4$ 相中的 Fe，在 MnCr$_2$O$_4$ 相中的 Mn 被 NH$_4$Cl 氯化了。因此，铁和锰的氯化率分别达到了75%和95%。

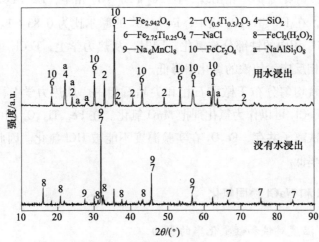

图 4-7　氯化钒渣的 XRD 图谱

（NH$_4$Cl 和熔盐质量比为 3∶1，NaCl 和 NH$_4$Cl 的质量比为 0.308∶1，4h，800℃）

添加 NaCl 之后，铁、锰的氯化率显著提高。为了解释 NaCl 的作用，当不添加 NH₄Cl，NaCl 渣的质量比为 0.66∶1，反应温度为 700℃ 到 850℃ 时，得到的铁、锰的氯化率分别小于 1% 和 2%。从热力学上（反应式（4-15）和式（4-16）），由图 4-8（c）可以看出，NaCl 作为氯化剂是无法氯化钒渣中的铁和锰。

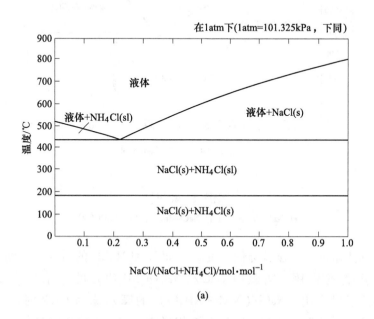

(a)

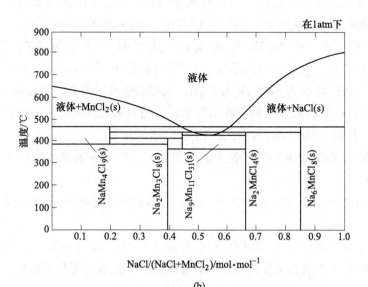

(b)

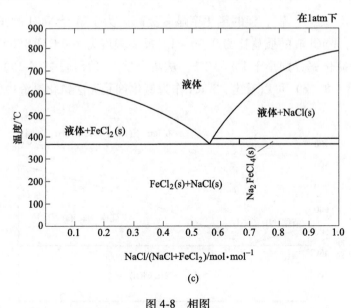

图 4-8　相图

(a) NaCl-NH$_4$Cl；(b) NaCl-MnCl$_2$；(c) NaCl-FeCl$_2$

NaCl 作为熔剂可以显著降低 NH$_4$Cl、FeCl$_2$ 和 MnCl$_2$ 的活度，起到稳定氯化剂和氯化产物的作用。实验中 NaCl/(NaCl + NH$_4$Cl) 的摩尔比为 0.22，从图 4-8 (a) 可以看出，NaCl/(NaCl + NH$_4$Cl) 的摩尔比为 0.22 时，在 438℃，NaCl-NH$_4$Cl 二元系形成液相。一旦有液相形成，NH$_4$Cl 的活度降低，可以降低 NH$_4$Cl 的分解速率。从图 4-8 (b) 可以看出，NaCl 在 NaCl-MnCl$_2$ 二元系中的摩尔比为 0.875 时，有 Na$_6$MnCl$_8$ 相生成，从实验中（见图 4-7）证明了有 Na$_6$MnCl$_8$ 相生成。新复合物的形成，有利于降低 MnCl$_2$ 的活度，有利于反应进行。图 4-8 (c) 所示为 NaCl-FeCl$_2$ 相图，从相图中可以发现，当温度超过 400℃ 时，NaCl-FeCl$_2$ 可以形成液相。液相的形成，可以降低 FeCl$_2$ 的活度，促进含铁相的氯化。因此，NaCl 作为熔剂增加了铁和锰的氯化。

尽管加入 NaCl 显著提高了铁和锰的氯化率，但是铁的氯化率仅为 75%。可能的原因：

(1) 钒渣 Fe$_{2.5}$Ti$_{0.5}$O$_4$ 相中含有 Fe^{3+}，从热力学分析可知，3 价铁离子无法被氯化。

(2) 氯化产物中有 NaAlSi$_3$O$_8$ 相的形成，NaAlSi$_3$O$_8$ 相包裹未反应氧化物的表面，使得 HCl 扩散到未反应氧化物表面困难，因此铁的氯化率较低。

4.1.3.2　NH$_4$Cl/钒渣比例对铁和锰氯化率的影响

图 4-9 所示为 NH$_4$Cl 和钒渣质量比对 Mn 和 Fe 氯化率的影响。随着 NH$_4$Cl 和

钒渣质量比从 1 增加到 2，铁和锰的氯化率分别增加到 72% 和 95%，铁和锰的氯化率快速增加，这个可以归于氯化剂浓度的增加。假定在钒渣中的 FeO、MnO、CaO 和 MgO 与 NH₄Cl 完全反应形成相应的 FeCl₂、MnCl₂、CaCl₂ 和 MgCl₂，NH₄Cl 和钒渣的质量比为 0.77。随着 NH₄Cl 和钒渣的质量比从 2 增加到 3，铁和锰的氯化率几乎没有变化。考虑到处理成本，最佳 NH₄Cl 和钒渣的质量比为 2。假定钒渣中的钙和镁完全被氯化，同时，根据实验中铁和锰的氯化率，参与反应的 NH₄Cl 和钒渣的质量比为 0.61，而实际上使用的 NH₄Cl 和钒渣的质量比为 2，因此，NH₄Cl 的利用率小于 30.5%。

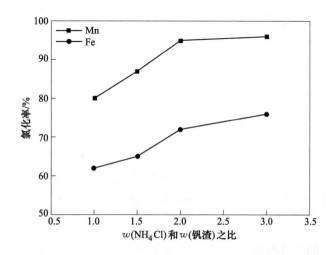

图 4-9 NH₄Cl 和钒渣质量比对铁、锰氯化率的影响

（NaCl 和 NH₄Cl 质量比为 0.308∶1，800℃，4h）

4.1.3.3 氯化时间对铁和锰氯化率的影响

图 4-10 所示为时间对铁和锰的氯化率的影响。随着时间从 1h 增加到 4h，锰的氯化率增加。在 4～8h，锰的氯化率达到峰值。铁的氯化率在 1～8h，氯化率变化不大。因此，最佳的氯化时间为 4h。

根据在最佳工艺条件下（NH₄Cl 和钒渣质量比为 2∶1，NaCl 和 NH₄Cl 质量比为 0.308∶1，800℃，4h），Fe、Mn 和 Ca 元素在浸出液中的含量，残渣的质量，V、Cr 和 Ti 的富集率（%）可以通过方程式（4-17）计算得到：

$$V（或 Cr、Ti）的富集率 = \frac{\dfrac{w_o \times w_v}{w_r} - w_v}{w_v} \times 100\% \quad (4-17)$$

式中　w_v——在钒渣中的 V（或 Cr、Ti）的质量分数，%；

　　　w_o——实验中钒渣的质量，10g；

　　　w_r——实验中钒渣氯化后得到的残渣的质量，6.75g。

V（或 Cr、Ti）的富集率为 48%。

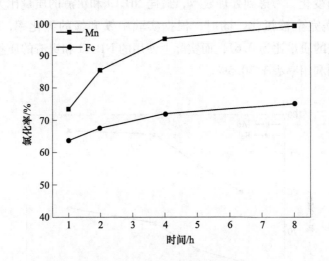

图 4-10　时间对钒渣中铁和锰的氯化率的影响

（NH_4Cl 和钒渣质量比为 2∶1，NaCl 和 NH_4Cl 质量比为 0.308∶1，800℃）

4.1.4　NH_4Cl 的循环利用

NH$_4$Cl 是非常好的固体氯化剂，当温度高于 230℃时，开始分解为 NH_3 和 HCl；当温度低于 112℃时，NH_3 和 HCl 重新结合成 NH_4Cl。由于 NH_4Cl 此优点，NH_4Cl 可以重复利用。

在铁锰的高值化利用部分将详细介绍 NH_4Cl 选择性氯化得到的 $FeCl_2$ 和 $MnCl_2$ 用于制备锰锌铁氧体的工艺，涉及从钒渣中制备铁氧体的化学反应式为：

$$2NH_4Cl + FeO \rlap{=}= FeCl_2 + H_2O + 2NH_3 \tag{4-18}$$

$$2NH_4Cl + MnO \rlap{=}= MnCl_2 + H_2O + 2NH_3 \tag{4-19}$$

$$NH_3 + H_2O \rlap{=}= NH_3 \cdot H_2O \tag{4-20}$$

$$2FeCl_2 + H_2O_2 + 2HCl \rlap{=}= 2FeCl_3 + 2H_2O \tag{4-21}$$

$$FeCl_3 + 3NH_3 \cdot H_2O === Fe(OH)_3 + 3NH_4Cl \qquad (4-22)$$

$$MnCl_2 + 2NH_3 \cdot H_2O === Mn(OH)_2 + 2NH_4Cl \qquad (4-23)$$

$$2Fe(OH)_3 + Mn(OH)_2 === MnFe_2O_4 + 4H_2O \qquad (4-24)$$

图 4-11（a）所示为在钒渣氯化实验结束后，从竖式炉顶部低温区收集到的粉末照片。收集的粉末进行了 XRD 分析。图 4-11（b）所示为粉末 XRD 图，结果表明收集到的粉末为 NH$_4$Cl。虽然在 NH$_4$Cl 氯化钒渣的过程中有水蒸气产生，

(a)

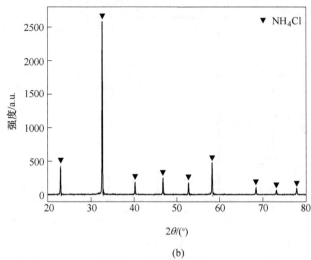

(b)

图 4-11　在钒渣氯化实验结束后，从竖式炉顶部低温区收集到的粉末

（a）粉末照片；（b）粉末 XRD 图谱

根据 Banic 等人发现，水蒸气可以作为催化剂促进 $NH_3+HCl \rightleftharpoons NH_4Cl$ 反应发生。虽然最佳 NH_4Cl 与钒渣的质量比为 2。过量的 NH_4Cl 在冷却区域冷却可以重复利用。

NH_3 极易溶于水，因此，NH_3 可以通过水来进行吸收产氨水。产生的氨水加到了 $FeCl_3$ 溶液中，有 $Fe(OH)_3$ 沉淀产生。之后混合物通过滤膜进行过滤，滤液在 125℃烘 8h 得到白色粉末。图 4-12（a）所示为得到白色粉末的宏观照片。图 4-12（b）所示为粉末 XRD 图。从中可以明显地看出白色粉末为 NH_4Cl。因此，本工艺可以实现氯化剂 NH_4Cl 的循环利用。

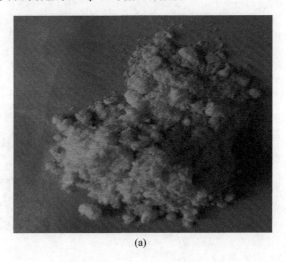

(a)

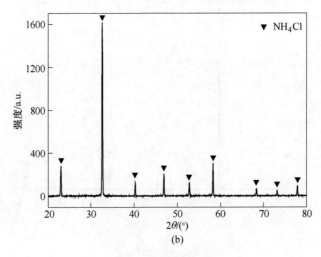

(b)

图 4-12　NH_4Cl 粉末

（a）粉末照片；（b）粉末的 XRD 图谱

4.2 AlCl₃ 选择性氯化钒渣

通过 NH₄Cl 选择性氯化钒渣中的铁和锰后，实现了固体产物中 V、Cr 和 Ti 富集，富集率为 48%。延续氯化的思路，选择强氯化剂 AlCl₃ 氯化钒渣中的 V、Cr 和 Ti。本节重点考察 AlCl₃ 对于钒渣中有价元素的氯化顺序及氯化动力学，同时由于 AlCl₃ 的挥发性很强，并通过设计熔盐来控制 AlCl₃ 的挥发。

4.2.1 AlCl₃ 氯化热力学

根据图 4-1 可知，钒渣的主要物相为 $(Fe,Mn)(Cr,V)_2O_4$、$Fe_{2.5}Ti_{0.5}O_4$ 和 $(Fe,Mn)_2SiO_4$。因此，从热力学上，AlCl₃ 用于氯化钒渣，可能存在的反应为式（4-25）~式（4-32）。使用 FactSage 6.4 软件计算反应式（4-25）~式（4-32）反应不同温度下标准吉布斯自由能，反应式中的物质状态选择稳定态。图 4-13（a）和图 4-13（b）所示为反应吉布斯自由能随着温度变化图。首先，在 0~1000℃温度区间，使用 AlCl₃ 可以氯化钒渣中的有价金属元素 Fe、Mn、V、Cr 和 Ti。与氯化钒渣中钒、铬和钛相比，AlCl₃ 氯化钒渣中的铁、锰更容易。AlCl₃ 氯化钒渣中的铁和锰之后，V_2O_3、TiO_2 和 Cr_2O_3 将与 AlCl₃ 反应（反应式（4-30）~式（4-32））。从热力学上，反应式（4-28）的氯化是比反应式（4-25）~式（4-27）更困难的。从反应式（4-32）可以看出，TiO_2 可以和 AlCl₃ 反应产生 $TiCl_4$。图 4-14 所示为 $TiCl_4$ 蒸汽压随着温度变化图。从图 4-14 可以看出，在温度为 700~950℃ 范围内，$TiCl_4$ 很容易挥发，从熔盐中分离出来。

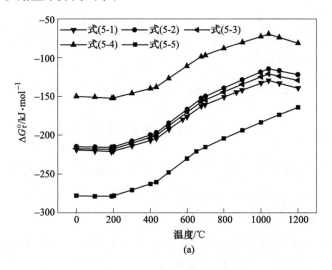

(a)

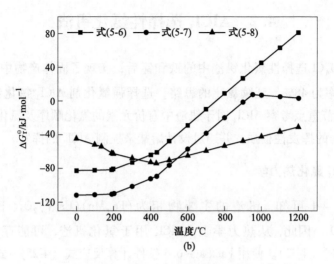

图 4-13　标准吉布斯自由能随着温度变化的曲线

（a）反应式（5-1）~式（5-5）；（b）反应式（5-6）~式（5-8）

（反应式（5-1）~式（5-8）：1mol AlCl$_3$ 为标准）

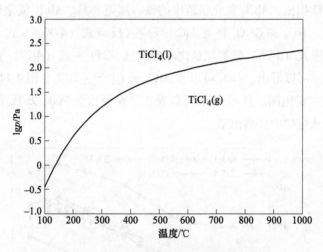

图 4-14　TiCl$_4$ 的蒸汽压随着温度变化曲线

从上面分析可以看出，热力学上，AlCl$_3$ 可以氯化钒渣中有价金属元素 Fe、Mn、V、Cr 和 Ti。同时，由于 TiCl$_4$ 强的挥发性，TiCl$_4$ 可以容易地从钒渣中分离。

$$AlCl_3 + 3/4Fe_2SiO_4 \rightleftharpoons 3/2FeCl_2 + 1/2Al_2O_3 + 3/4SiO_2 \qquad (4\text{-}25)$$

$$AlCl_3 + 3/2FeV_2O_4 = 3/2FeCl_2 + 1/2Al_2O_3 + 3/2V_2O_3 \qquad (4-26)$$

$$AlCl_3 + 3/4Fe_2TiO_4 = 3/2FeCl_2 + 1/2Al_2O_3 + 3/4TiO_2 \qquad (4-27)$$

$$AlCl_3 + 3/2FeCr_2O_4 = 3/2FeCl_2 + 1/2Al_2O_3 + 3/2Cr_2O_3 \qquad (4-28)$$

$$AlCl_3 + 3/2MnO = 1/2Al_2O_3 + 3/2MnCl_2 \qquad (4-29)$$

$$AlCl_3 + 1/2V_2O_3 = VCl_3 + 1/2Al_2O_3 \qquad (4-30)$$

$$AlCl_3 + 1/2Cr_2O_3 = CrCl_3 + 1/2Al_2O_3 \qquad (4-31)$$

$$AlCl_3 + 3/4TiO_2 = 1/2Al_2O_3 + 3/4TiCl_4(g) \qquad (4-32)$$

4.2.2 熔盐成分的选择

AlCl$_3$ 沸点为 180℃，使用 AlCl$_3$ 氯化钒渣，当反应温度高于 180℃时，AlCl$_3$ 大量挥发，不利于反应的进行，因此，通过选择熔盐体系来控制 AlCl$_3$ 的挥发。在高温下，熔盐的挥发性是很强的。为了减少熔盐挥发和降低氯化钒渣的反应温度，熔盐体系的选择是非常重要的。图 4-15 所示为 NaCl-KCl-AlCl$_3$ 的三元相图，根据相图可知，熔盐的组成对熔盐的熔化温度有很大的影响，根据熔化温度

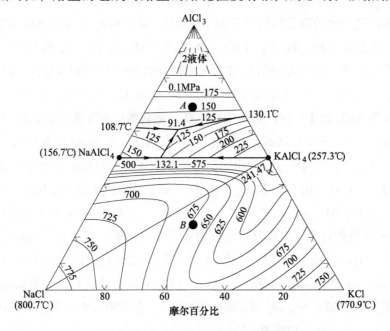

图 4-15　NaCl-KCl-AlCl$_3$ 的三元相图

NaCl-KCl-AlCl$_3$ 三元系可以明显分为两个区域：高温区和低温区。高温区的熔盐熔化温度一般在 500~775℃；低温区的熔盐熔化温度一般在 91.4~241.47℃。熔盐的温度高，将消耗大量的能源，因此，考虑到降低能耗，选择低温区熔盐成分作为熔剂。从热力学上可以知道，AlCl$_3$ 作为氯化剂可以氯化钒渣中的有价金属元素 V、Cr、Ti、Fe 和 Mn，在 AlCl$_3$ 氯化钒渣的过程中，熔盐体系中的 AlCl$_3$ 含量降低，因此，从相图可以看出，熔盐熔化温度发生改变。考虑到 AlCl$_3$ 一部分用于氯化钒渣同时另一部分用于熔剂，因此选择了图 4-15 中的 A 点作为实验点，而不是 NaCl-KCl-AlCl$_3$ 熔点为 91.4℃ 的熔盐体系。A 点的熔盐熔化温度为 150℃。从图 4-15 可知，在实验过程中，随着 AlCl$_3$ 的消耗，熔盐（NaCl-KCl-AlCl$_3$）熔化温度先降低后增加。

图 4-16 所示为氯化温度从 200℃ 增加到 800℃，氯化钒渣经过水处理后得到的残渣 SEM 形貌图和元素分布图。温度从 200℃ 增加到 400℃，残渣的形貌几乎没有变化，从元素分布图上可以看出尖晶石和橄榄石没有与 AlCl$_3$ 发生反应。在氯化温度为 500℃ 时，灰暗色橄榄石相中出现了孔洞，亮白色的尖晶石没有太大变化，说明橄榄石相与 AlCl$_3$ 发生了反应。同时，从图 4-16 中可以看出，橄榄石相中的铁与 AlCl$_3$ 发生了反应。在 700℃ 时，残渣表面出现了絮状物。在 800℃ 时，絮状物增加。根据元素分布图，絮状物的化学组成为 Al-Si-O。图 4-17 所示为氯化钒渣经过水处理后得到残渣的 XRD 图。氯化温度为 400~500℃ 时，残渣的物相组成主要为 Fe$_{2.5}$Ti$_{0.5}$O$_4$、(Mn,Fe)(V,Cr)$_2$O$_4$、CaFeSi$_2$O$_6$ 和 Fe$_2$SiO$_4$。根据钒渣元素分布图，Fe$_2$SiO$_4$ 中的 Fe 实际上有部分被 Mn、Mg 和 Ca 替代。即 Fe$_2$SiO$_4$ 实际上是可以写为 (Fe,Mn,Mg,Ca)$_2$SiO$_4$，(Fe,Mn,Mg,Ca)$_2$SiO$_4$ 相中的 Fe、Mn、Mg 和 Ca 与 AlCl$_3$ 发生反应，形成 CaFeSi$_2$O$_6$。随着氯化温度进一步增加，Fe$_{2.5}$Ti$_{0.5}$O$_4$、(Mn,Fe)(V,Cr)$_2$O$_4$、CaFeSi$_2$O$_6$ 和 Fe$_2$SiO$_4$ 相进一步与 AlCl$_3$ 发生反应，形成 Al$_{4.75}$Si$_{1.25}$O$_{9.63}$ 相。Al$_{4.75}$Si$_{1.25}$O$_{9.63}$ 相的出现，表明了在 700℃ 熔盐条件下 Al$_2$O$_3$ 与 SiO$_2$ 发生了反应。同时，从热力学上，AlCl$_3$ 用于氯化 Mg$_2$SiO$_4$、Ca$_2$SiO$_4$、Mn$_2$SiO$_4$ 和 Fe$_2$SiO$_4$，反应式为式（4-33）~ 式（4-35）和式（4-25）。使用 FactSage 6.4 软件计算了上述反应的标准吉布斯自由能，反应式中的物质状态选择稳定态。图 4-18 所示为反应吉布斯自由能随温度变化曲线。从图 4-17 可以看出在反应式（4-25）、式（4-33）~ 式（4-35）中反应式（4-33）的氯化是最难的，因此，在 700℃ 时，有 Mg$_2$SiO$_4$ 相残留。在 800℃ 时，Mg$_2$SiO$_4$ 相消失，Al$_2$O$_3$ 和 Al$_{4.75}$Si$_{1.25}$O$_{9.63}$ 相出现。

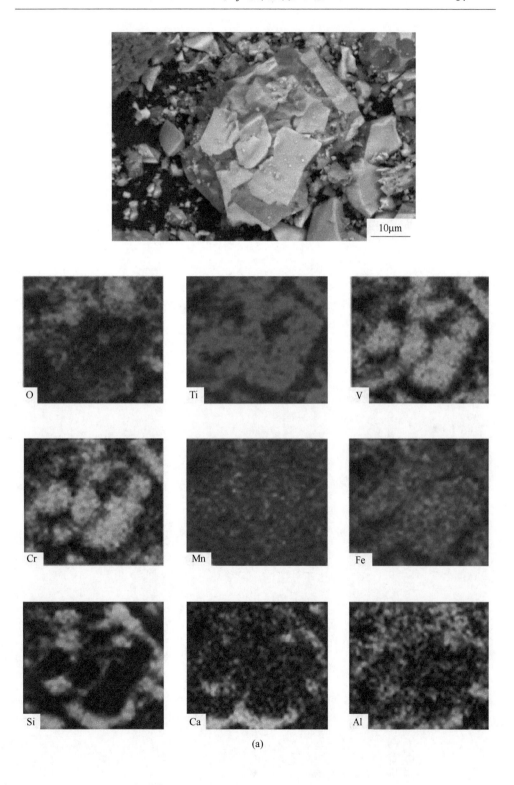

(a)

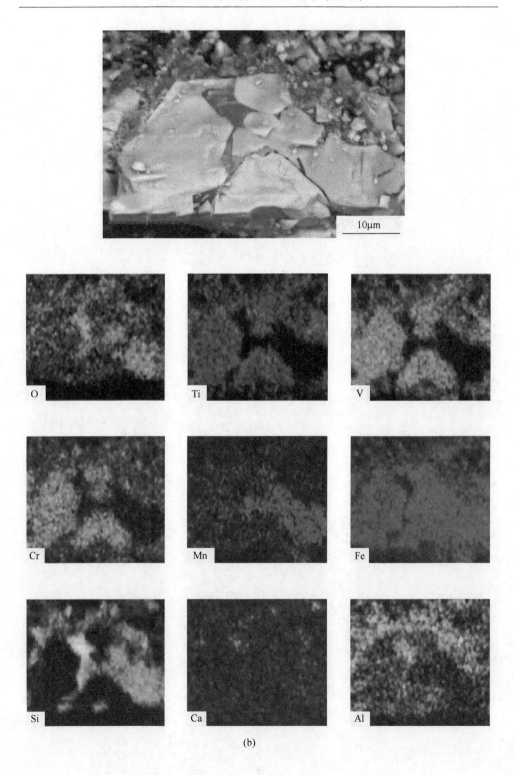

(b)

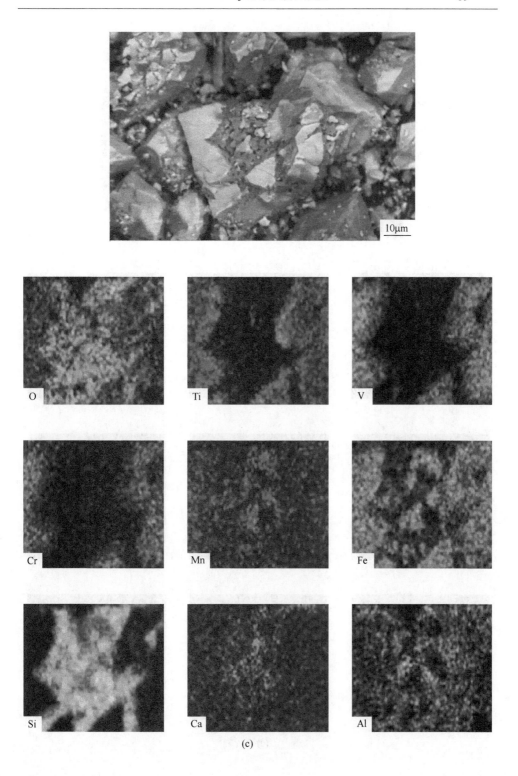

(c)

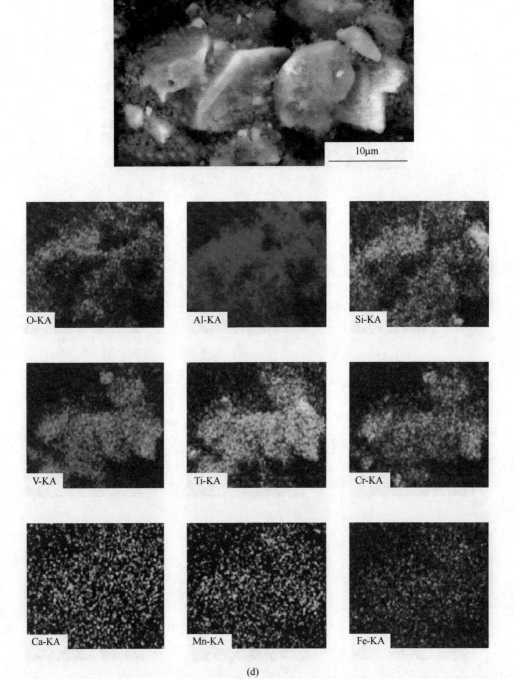

(d)

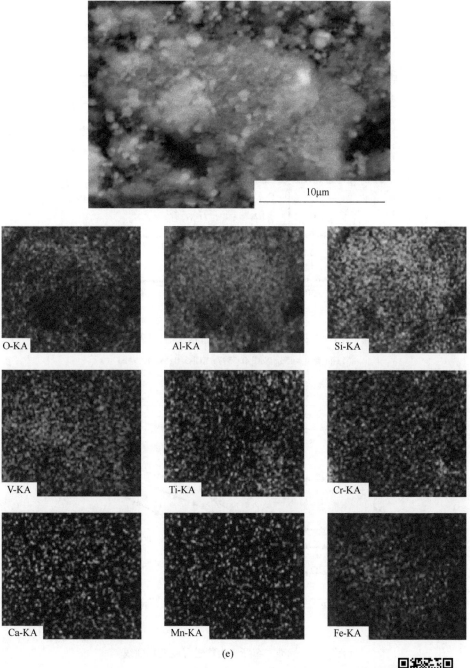

(e)

图 4-16 不同温度下，AlCl₃ 氯化钒渣经过水洗后得到的残渣 SEM 图谱

（1g 钒渣-0.4453g NaCl-0.5547g KCl-5.0g AlCl₃，4h）

（a）200℃；（b）400℃；（c）500℃；（d）700℃；（e）800℃

扫一扫看更清楚

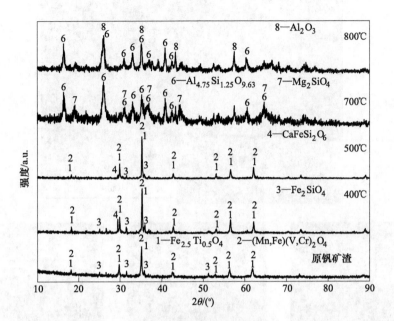

图 4-17　不同温度下，AlCl₃ 氯化钒渣经过水洗后得到的残渣 XRD 图谱

（1g 钒渣-0.4453g NaCl-0.5547g KCl-5.0g AlCl₃，4h）

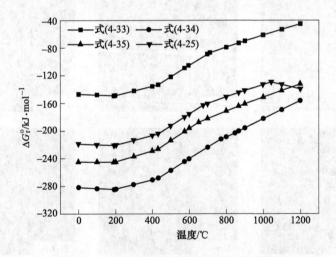

图 4-18　标准吉布斯自由能随温度变化曲线

（1mol AlCl₃ 为标准）

$$3/4Mg_2SiO_4 + AlCl_3 \Longrightarrow 1/2Al_2O_3 + 3/2MgCl_2 + 3/4SiO_2 \qquad (4\text{-}33)$$

$$3/4Ca_2SiO_4 + AlCl_3 \overline{=\!=\!=} 1/2Al_2O_3 + 3/2CaCl_2 + 3/4SiO_2 \qquad (4\text{-}34)$$

$$3/4Mn_2SiO_4 + AlCl_3 \overline{=\!=\!=} 1/2Al_2O_3 + 3/2MnCl_2 + 3/4SiO_2 \qquad (4\text{-}35)$$

虽然选择 NaCl-KCl-AlCl$_3$ 熔盐体系成分为图 4-15 中低温区 A 点,但是从 XRD 和 SEM 分析中可以看出,500℃以下,AlCl$_3$ 几乎不与钒渣发生反应,700℃ 时,钒渣中的铁开始与 AlCl$_3$ 大量反应。因此,低温下不利于 AlCl$_3$ 与钒渣反应。同时,对于熔盐的挥发行为进行了研究。图 4-19 所示为不同的 AlCl$_3$ 和熔盐质量比例条件下,样品的挥发率曲线图。$w(AlCl_3)/w(熔盐) = 5$ 时为 NaCl-KCl-AlCl$_3$ 三元系中的 A 点,$w(AlCl_3)/w(熔盐) = 1.5$ 时为 NaCl-KCl-AlCl$_3$ 三元系中的 B 点。从图 4-19 可以看出,随着反应温度的增加,样品的挥发率显著增加,同时,同一温度下,低熔点区 A 的挥发率远远高于高温区 B 的挥发率。综合样品的挥发和 AlCl$_3$ 氯化钒渣的效果,低温区不利于反应的进行。因此,选择高温区 B 熔盐体系进行熔盐氯化。

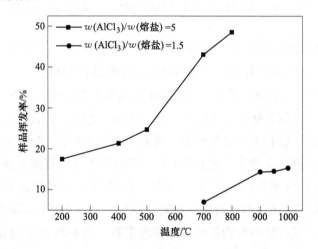

图 4-19 不同的 AlCl$_3$ 和熔盐质量比条件下样品的挥发率 (4h)

4.2.3 不同影响因素对钒渣氯化率的影响

4.2.3.1 温度对钒渣氯化率的影响

图 4-20 所示为氯化温度对铁、锰、钒、铬和钛氯化率的影响曲线图。随着温度从 700℃增加到 900℃,有价元素(Mn、Cr 和 Fe)的氯化率和钛的挥发显著提高。在温度区间为 900~950℃,有价元素(Mn、Cr 和 Fe)的氯化率和钛的挥发率变化不大。

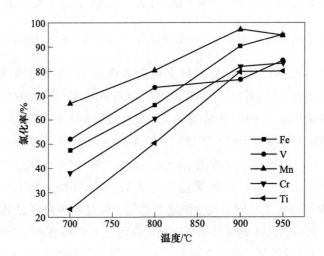

图 4-20　温度对铁、锰、钒、铬和钛氯化率的影响

（AlCl$_3$ 和熔盐质量比为 1.5∶1，NaCl-KCl 和 AlCl$_3$ 质量比为 1.66，8h）

图 4-21 所示为不同温度下氯化钒渣的 XRD 图谱。XRD 图谱表明，800℃ 时，依然有 Fe$_2$SiO$_4$ 和 FeTiO$_3$ 相，导致铁的氯化率低；900℃ 时，氯化钒渣中的 Fe$_2$SiO$_4$ 和 FeTiO$_3$ 相消失，因此，铁的氯化率达到了 90.3%。从热力学上，氯化反应式（4-28）比氯化反应式（4-25）~式（4-27）困难，因此，在 700~800℃，铬的氯化率比铁、锰和钒的氯化率低。随着温度从 700℃ 增加到 800℃，钒的氯化率显著增加，进一步增加温度到 900℃，钒的氯化率没有太大变化。在 700~800℃，钒的氯化率高于铬的氯化率。但是，在 900℃ 时，铬的氯化率高于钒的氯化率。使用 FactSage 6.4 软件计算反应式（4-36）~式（4-38）不同温度下的标准吉布斯自由能，反应式中的物质状态选择稳定态。图 4-22 所示为反应吉布斯自由能随着温度的变化图。由图可知，在高温下，VCl$_3$ 作为氯化剂可以氯化 TiO$_2$、Cr$_2$O$_3$ 和 FeCr$_2$O$_4$，因此，钒的氯化率降低。关于钒渣中的钛的氯化，通过 AlCl$_3$ 氯化之后，对出气口的气体进行了水处理，图 4-23 所示为水处理得到的物质的 XRD 图谱，由图可知，TiCl$_4$ 经过水处理之后，得到 TiO$_2$，其中的 Al$_2$O$_3$ 是由于 AlCl$_3$ 挥发经过水处理，也可以得到 Al$_2$O$_3$ 沉淀。因此，最佳氯化温度为 900℃。

$$VCl_3 + 1.5FeCr_2O_4 \rule[0.3em]{1.2em}{0.05em}\rule[0.45em]{1.2em}{0.05em} 1.5FeCl_2 + 0.5V_2O_3 + 1.5Cr_2O_3 \qquad (4\text{-}36)$$

$$VCl_3 + 1/2Cr_2O_3 \rule[0.3em]{1.2em}{0.05em}\rule[0.45em]{1.2em}{0.05em} 1/2V_2O_3 + CrCl_3 \qquad (4\text{-}37)$$

$$VCl_3 + 3/4TiO_2 \rightleftharpoons 1/2V_2O_3 + 3/4TiCl_4(g) \tag{4-38}$$

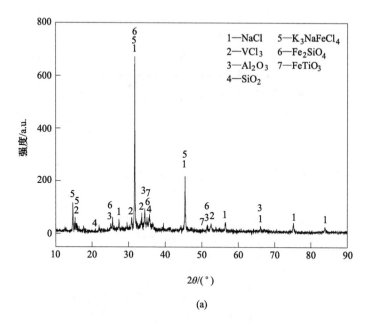

(a)

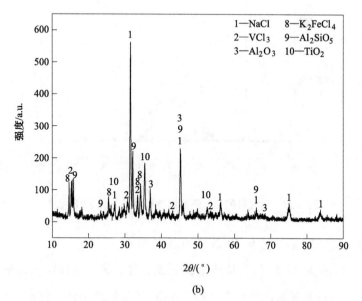

(b)

图 4-21 不同温度下，AlCl₃ 氯化钒渣后得到样品的 XRD 图谱
(AlCl₃ 和熔盐质量比为 1.5∶1，NaCl-KCl 和 AlCl₃ 质量比为 1.66，8h)
(a) 800℃；(b) 900℃

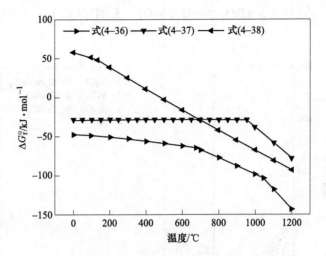

图 4-22   随着温度变化标准吉布斯自由能的变化曲线

(1mol VCl₃ 为标准)

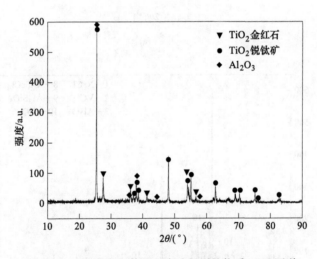

图 4-23   出气口的气体经过水洗得到的物质 XRD 图谱

4.2.3.2   AlCl₃ 和熔盐质量比对氯化率的影响

图 4-24 所示为 AlCl₃ 和熔盐质量比对铁、锰、钒、铬和钛氯化率的影响曲线。在 AlCl₃ 和熔盐质量比的整个区间，AlCl₃ 氯化钒渣中铁和锰相对于 AlCl₃ 氯化钒渣中钒、铬和钛更容易，铁和锰的氯化率分别保持在 83.7% ~ 96.1% 和 97.3% ~ 99.5%。随着 AlCl₃ 和熔盐的质量比从 0.8 增加到 1.5，钒、铬和钛的氯化率显著增加。

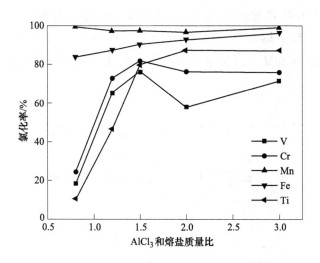

图 4-24 AlCl₃ 和熔盐质量比对有价元素氯化率的影响

假定在钒渣中的 V_2O_3、Cr_2O_3、FeO、TiO_2、MnO、CaO 和 MgO 与 $AlCl_3$ 完全反应形成相应的氯化物 VCl_3、$CrCl_3$、$FeCl_2$、$TiCl_4$、$MnCl_2$、$CaCl_2$ 和 $MgCl_2$，理论上需要的 $AlCl_3$ 和熔盐质量比为 1.17。但是，由于 $AlCl_3$ 有很强的挥发性，因此需要过量的 $AlCl_3$ 用于氯化钒渣。表 4-1 所示为不同氯化时间下，$AlCl_3$ 的质量平衡表。随着时间增加到 2h，$AlCl_3$ 的挥发显著增加，然后在 2~4h，变化不大。$AlCl_3$ 和钢渣质量比从 1.5 增加到 3.0，钒和铬氯化率稍微降低，此现象由于 VCl_3 有很强的挥发性。因此，最佳的 $AlCl_3$ 和钢渣质量比为 1.5。

表 4-1 氯化剂 AlCl₃ 在氯化过程中的质量平衡

（AlCl₃ 和钢渣质量比为 1.5:1，熔盐和 AlCl₃ 质量比为 1.66:1，900℃）

时间/h	氯化/%	熔盐/%	挥发/%
1	61.99	29.04	8.97
2	62.17	22.76	15.07
4	65.81	17.62	16.57

4.2.3.3 熔盐和 AlCl₃ 质量比对氯化率的影响

图 4-25 所示为熔盐和 AlCl₃ 质量比对铁、锰、钒、铬和钛氯化率的影响曲

线。明显地，在熔盐和 $AlCl_3$ 质量比的区间内，铁、锰和铬的氯化率变化很小。随着熔盐和 $AlCl_3$ 质量比从 1.38 增加到 1.66，钒的氯化率显著增加，钛的氯化率变化不大。随着熔盐和 $AlCl_3$ 的质量比从 1.66 增加到 4.15，$AlCl_3$ 在熔盐中的浓度降低，钒和钛的氯化率显著降低。因此，最佳的熔盐和 $AlCl_3$ 的质量比为 1.66。

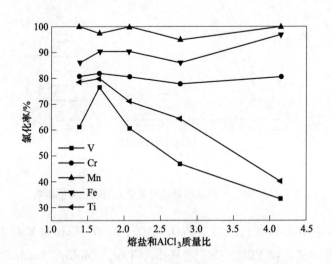

图 4-25　熔盐和 $AlCl_3$ 质量比对氯化率的影响

4.2.3.4　时间对氯化率的影响

图 4-26 所示为时间对钒渣中铁、锰、钒和铬的氯化率与钛的挥发率变化曲

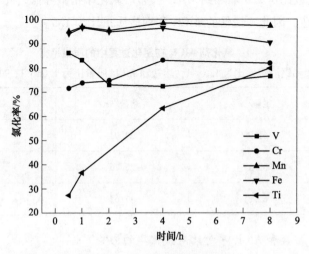

图 4-26　时间对氯化率的影响

线。明显地，时间变化对铁和锰的氯化率影响不大，铁和锰的氯化率保持 90% 以上。随着时间增加到 4h，铬的氯化率增加，然后在 4～8h，铬的氯化率变化不大。对于钒的氯化，随着时间从 0.5h 增加到 2h，氯化率降低。从图 4-26 可以看出，VCl_3 可以作为氯化剂氯化钒渣中的铬和钛。随着时间从 0.5h 增加到 8h，钛的挥发率显著增加。

4.2.4 氯化动力学

根据图 4-15 中 NaCl-KCl-AlCl₃ 的相图，NaCl-KCl-AlCl₃ 成分选择在 B 点时，当温度在 700～900℃ 时，NaCl-KCl-AlCl₃ 为液相。钒渣在 700～900℃ 时为固相。因此，AlCl₃ 氯化钒渣中的 Fe、Mn、V 和 Cr 的反应类型为液固反应。从图 4-16 可以看出，液固反应符合未反应核模型。

可以用于描述钒渣中有价元素氯化微观动力学的反应为：

$$\frac{1}{3k_m}x + \frac{R_0}{6D_e}\left[1 - 3(1-x)^{\frac{2}{3}} + 2(1-x)\right] + \frac{1}{k_{rea}}\left[1 - (1-x)^{1/3}\right] = \frac{MC_0}{\sigma\rho R_0}t$$

$$(4-39)$$

式中　x——有价元素的氯化率；

k_m——反应物在熔盐液相边界层中的传质系数；

R_0——钒渣颗粒的直径；

D_e——反应物在产物层中的传质系数；

k_{rea}——反应速率常数；

t——反应时间；

M——钒渣的摩尔质量；

C_0——反应物的初始浓度；

ρ——钒渣的密度；

σ——AlCl₃ 的系数。

在不同的控制过程中，动力学方程可以简化。

（1）液相边界层扩散控制：

$$x = \frac{3k_m MC_0}{\sigma\rho R_0}t \tag{4-40}$$

（2）固体产物层扩散控制：

$$1 - 3(1-x)^{\frac{2}{3}} + 2(1-x) = \frac{6D_e MC_0}{\sigma\rho R_0^2}t \tag{4-41}$$

（3）表面反应控制：

$$1 - (1 - x)^{\frac{1}{3}} = \frac{k_{rea} M C_0}{\sigma \rho R_0} t \qquad (4\text{-}42)$$

根据图 4-1 和图 4-2 可知，钒渣由尖晶石和橄榄石组成，其中，V 和 Cr 存在于尖晶石相中，V 和 Cr 有相似的结构及元素分布，因此，在 $AlCl_3$ 氯化钒和铬过程中动力学上是相似的。铁和锰均匀分布于尖晶石和橄榄石相，Fe 和 Mn 有相似的结构和元素分布，因此，在 $AlCl_3$ 氯化铁和锰过程中动力学上是相似的。

为了揭示钒渣中有价元素 Fe、Mn、V 和 Cr 氯化控速步骤，方程式（4-40）~式（4-42）对 Fe、Mn、V 和 Cr 氯化率的数据进行了匹配，结果列在表 4-2 中。Fe 和 Mn 氯化率的数据与方程式（4-41）表现出了较好的线性关系，即 Fe 和 Mn 氯化反应的过程控速步骤为固体产物层扩散控制。因此，产物层 Al-Si-O 混合物可以控制 Fe 和 Mn 的氯化反应。提高温度和降低钒渣的颗粒尺寸可以提高有价元素的氯化率。但是，V 和 Cr 氯化率的数据与方程式（4-42）表现出更好的线性关系，因此，表面化学反应过程控制 V 和 Cr 的氯化过程。从热力学计算和实验研究可以知道，在反应温度 200~950℃，$AlCl_3$ 氯化钒渣中的钒铬比氯化铁锰困难，同时，钒铬分布于尖晶石相中，铁锰均匀分布于尖晶石和橄榄石相中，900℃铁锰的氯化率超过 90%，因此，铁锰与钒铬的氯化反应过程的控速步骤是不一样的。

表 4-2　900℃，通过 3 个动力学方程拟合 Fe、Mn、V 和 Cr 氯化率随着时间的变化

元素	$x = k_1 t$		$1-3(1-x)^{2/3}+2(1-x) = k_2 t$		$1-(1-x)^{1/3} = k_3 t$	
	k_1	R^2	k_2	R^2	k_3	R^2
Fe	0.015	0.967	0.023	0.997	0.016	0.994
Mn	0.014	0.949	0.025	0.991	0.017	0.989
V	0.049	0.983	0.015	0.911	0.022	0.995
Cr	0.033	0.994	0.006	0.910	0.013	0.999

图 4-27 所示为不同温度下，Fe、Mn、V 和 Cr 氯化率的数据与控速方程的拟合图，从图中可以得到不同温度下拟合直线的斜率值 k。

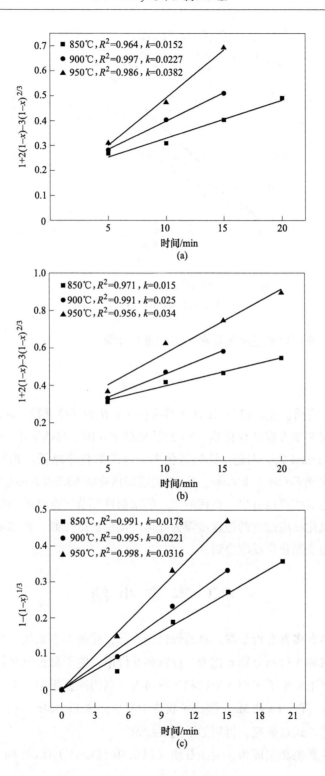

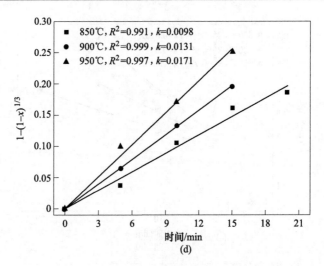

图 4-27　不同反应温度下，氯化动力学曲线

(a) Fe；(b) Mn；(c) V；(d) Cr

表面活化能可以通过阿伦尼乌斯方程进行计算：

$$\ln k = \ln A - \frac{E}{RT} \tag{4-43}$$

式中，E 为表观活化能，kJ/mol；A 为指前因子；R 为气体常数，J/(mol·K)。

由阿伦尼乌斯方程计算得到，Fe 的活化能 $E = 105.28$kJ/mol，比 Mn 的活化能 $E = 94.26$kJ/mol 大。因此，铁的氯化率比锰的氯化率略低。相似的计算得到钒的表观活化能 $E = 64.64$kJ/mol，比 Cr 的表观活化能 63.30kJ/mol 大。根据计算得到的活化能的值可以看出，铁锰的氯化的限制性环节和钒铬的限制性环节不一样。即铁锰氯化反应过程的控速步骤为固体产物层扩散控制，钒铬氯化反应过程的控制步骤为表面化学反应控制。

4.3　本章小结

钒渣是富含多种有价金属元素的炼钢副产品，传统工艺采用氧化的方式将钒渣中的 3 价钒和 3 价铬分别氧化为 5 价钒和 6 价铬，鉴于高价氧化物对环境的危害，笔者课题组探索了采用 3 价钒和 3 价铬直接利用的新思路。为了高效利用钒渣中的 V、Cr、Ti、Fe 和 Mn，提出了钒渣中有价元素 Fe、Mn、V、Cr 和 Ti 选择性氯化新工艺。通过研究，得到如下主要结论。

钒渣的主要物相组成为：尖晶石相（$(Fe,Mn)(Cr,V)_2O_4$ 和 $Fe_{2.5}Ti_{0.5}O_4$）和

橄榄石相（$(Fe,Mn)_2SiO_4$），铁锰元素均匀分布于尖晶石和橄榄石相中，铬钒元素分布在尖晶石中，硅元素分布于橄榄石相中；尖晶石相和橄榄石相是相互包裹的。

采用固体氯化剂 NH_4Cl 实现了钒渣中 Fe 和 Mn 的选择性氯化，研究结果表明，NH_4Cl 和 NaCl 的协同作用，提高了 Fe 和 Mn 的氯化率，最佳氯化条件为：NH_4Cl 和钒渣质量比为 2:1，NaCl 和 NH_4Cl 质量比为 0.308:1，800℃，4h，此时铁的氯化率为 72%，锰的氯化率为 95%。并实现了 V、Cr 和 Ti 等元素的富集，富集率为 48%。NH_4Cl 选择性氯化-高值化（锰锌铁氧体）工艺包括 Fe 和 Mn 的选择性氯化，铁离子的选择性氧化，氯化铁和氯化锰的沉淀分离，实现了 NH_4Cl 的循环利用。

根据 $NaCl-KCl-AlCl_3$ 的三元相图可知，熔盐的组成对熔盐的熔化温度有很大的影响，根据熔盐的熔化温度划分 $NaCl-KCl-AlCl_3$ 三元系可以明显分为两个区域：高温区（500~775℃）和低温区（91.4~241.47℃）。$AlCl_3$ 和熔盐质量比为 5，$AlCl_3$ 和 NaCl-KCl 质量比为 5 时，$NaCl-KCl-AlCl_3$ 三元系熔盐温度为 150℃。500℃ 以下，$AlCl_3$ 几乎不与钒渣发生反应，700℃ 时，钒渣中的铁开始与 $AlCl_3$ 大量反应。因此，低温下不利于 $AlCl_3$ 与钒渣反应。随着反应温度的增加，样品的挥发率显著增加。鉴于样品的挥发和 $AlCl_3$ 氯化钒渣的效果，低温区不利于反应的进行。因此，选择高温区 $AlCl_3$ 和 NaCl-KCl 质量比为 0.60 熔盐体系进行熔盐氯化。

采用 $AlCl_3$ 同时氯化提取钒渣中的 Fe、Mn、V、Cr 和 Ti，最佳氯化条件为：$AlCl_3$ 和熔盐质量比为 1.5，NaCl-KCl 和 $AlCl_3$ 质量比为 1.66，900℃，8h，铁、钒、铬和锰的氯化率分别为 90.3%、76.5%、81.9% 和 97.3%。钛的挥发率为 79.9%。通过未反应核模型分析氯化反应的动力学过程。Fe 和 Mn 氯化反应过程的控速步骤为固体产物层扩散控制。V 和 Cr 氯化反应过程的控速步骤为表面化学反应控制。Fe 的活化能 $E = 105.28kJ/mol$，比 Mn 的活化能 $E = 94.26kJ/mol$ 大，因此，铁的氯化率比锰的氯化率略低。钒的表观活化能 $E = 64.64kJ/mol$，比 Cr 的表观活化能 $63.30kJ/mol$ 大。

5 微波强化原价态选择性氯化
提取钒渣中有价元素

≪≪

5.1 微波加热钒渣的可行性

为了研究微波加热熔盐氯化钒渣的可行性，需要对物料升温特性、介电特性以及发生反应的热力学条件进行研究。微波选择性加热优势体现在物料介电特性不同之上，冶金物料复杂共伴生特性也决定了冶金物料介电特性具有一定差异。冶金物料通常需要通过大量的介电特性基础研究来明确能否采用微波处理，这也是限制微波在冶金中发展的原因之一。

本章主要通过测定了钒渣、氯化钠、氯化钾在微波场中升温特性，并考察了不同粒度、质量钒渣的升温特性，分析了单一物料与混合物料在升温过程的差异性。同时在常温下，采用圆柱体谐振腔微扰法测定了钒渣、尖晶石相和橄榄石相2.45GHz频率处的介电特性。从介电特性和升温特性上为微波与熔盐氯化钒渣提供可行性分析。还利用 FactSage 7.0 软件对钒渣各物相可能发生的化学反应进行标准吉布斯自由能与温度的计算。

5.1.1 单一原料的升温特性

一般地，物料的吸波性能取决于物料的组成和结构，可以通过升温曲线进行评估。图 5-1 所示为 200 目钒渣、NaCl、KCl、AlCl$_3$ 的升温曲线。曲线结果显示 200 目钒渣在 6min 内升至 800℃，平均升温速率为 134℃/min，说明钒渣的升温特性良好，但在温度恒定过程中，测量温度会出现不稳定的情况。在微波辐射过程中，氯化剂升温曲线显示，KCl 能在 14min 升至 160℃，平均升温速率为 11℃/min；NaCl 在 14min 升至 80℃，平均升温速率为 6℃/min；而 AlCl$_3$ 基本上保持 40℃不变。比较单一物料的升温速率大小为：200 目钒渣>KCl>NaCl>AlCl$_3$。结果表明：KCl 的升温特性要优于 NaCl 和 AlCl$_3$，单一物料 KCl、NaCl 和 AlCl$_3$ 对

注：100 目 = 140μm。

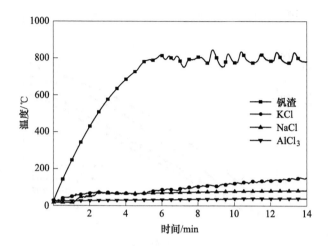

图 5-1　单一物料的升温特性

微波能吸收较少，对微波呈透过性，属于微波透明物料，吸波性能较差；钒渣具有良好的吸波特性，在微波场中可以吸波快速升至目标温度，但保温过程温度曲线会上下波动，波动大小可能与热电偶测量精度和物料本身性质有关，带金属屏蔽罩的热电偶测量温度偏差为±20℃。钒渣吸收微波快速升温的原因可以概括为：钒渣中含有的尖晶石相与橄榄石相呈面心立方八面体结构，在八分之一结构上具有空位缺陷，而结构缺陷和计量比缺陷均会导致物料吸收微波能；相关文献中也显示，钒钛磁铁矿具有良好的吸微波能力。因此，将钒渣置于微波场中快速升温具有可行性。进一步研究钒渣粒度、质量对升温特性的影响，不同粒度和质量钒渣的升温曲线如图 5-2 所示。

　　结果显示，物料的粒度和质量均会影响升温特性。其中不同粒度钒渣升温速率大小为 200~250 目钒渣>150~200 目钒渣>100~150 目钒渣>50~100 目钒渣，这与微波加热的原理有关。微波加热是以物料本身为发热体，逐渐通过热传递、热辐射达到目标温度，所以传热过程物料间隙、热量散失均会影响物料的升温特性。物料粒度越大间隙越大，散热越多，升温速率越慢。在研究质量对升温特性影响中发现，相同实验条件下，逐渐增加钒渣质量，升温速率会出现先增大后减小的趋势。钒渣质量越大，物料中所含的强吸波成分越多，整体表现为升温速率加快。但钒渣质量增大，也将导致物料与气体、坩埚的接触面积增大，接触面积越大物料散热越多，热损失加大，物料的升温速率将变慢，所以增大钒渣质量会出现升温速率先增大后减小的趋势。

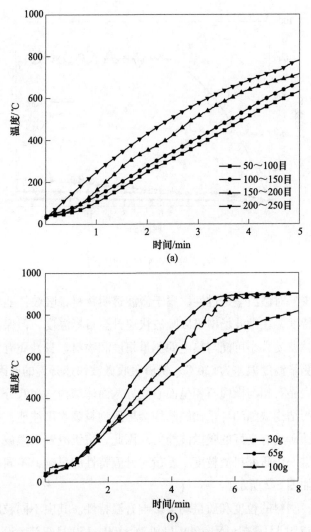

图 5-2　钒渣粒度、质量对升温特性的影响

（a）钒渣粒度；（b）钒渣质量

5.1.2　混合原料的升温特性

将钒渣-$AlCl_3$、钒渣-（NaCl-KCl）-$AlCl_3$ 混合后置于石英坩埚中，升温曲线如图 5-3 所示。

对比 3 种物料曲线，钒渣-$AlCl_3$ 混合物升温速率和原钒渣相似，在 6min 升至 800℃，升温速率为 134℃/min；钒渣-（NaCl-KCl）-$AlCl_3$ 混合物能在 12min 升至

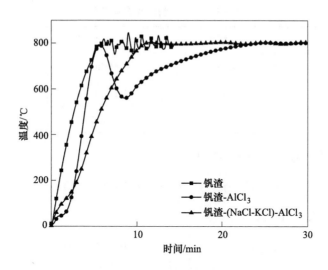

图 5-3　混合物料的升温特性

800℃，升温速率为 67℃/min。钒渣-AlCl₃ 混合物的升温速率优于钒渣-(NaCl-KCl)-AlCl₃ 混合物，但钒渣-AlCl₃ 混合物升至 800℃ 后出现了明显的下降趋势，可能是由氯化物的挥发引起的热量损失导致温度急剧下降，后期随着氯化剂的挥发，物料温度又逐渐升至目标温度，但反应了一部分有用矿物后，物料升温速度降低。与钒渣-AlCl₃ 混合物相比，钒渣-(NaCl-KCl)-AlCl₃ 混合物的升温速率较慢，但保温过程相对稳定，没有出现温度急剧下降的过程，这与物料中添加的 NaCl-KCl 有关，NaCl-KCl 能与 AlCl₃ 形成三元熔盐体系。调整三元熔盐 NaCl-KCl-AlCl₃ 的配比，就能够在高温下稳定氯化剂，减小氯化剂和氯化物的挥发；三元熔盐还能为氯化反应提供液相介质传输环境，并且为生成的氯化物提供溶解的溶剂。而且据相关文献显示，一般熔盐在物相变化过程中会吸收一部分外界能量作为潜热，高温下的熔盐具有储能保温作用，在熔盐氯化实验中起到了稳定易挥发的 AlCl₃ 和物料保温的作用。

5.1.3　原料的介电特性

微波具有选择性加热特点，在不同吸波能力的物相间会因线膨胀系数不同产生热应力，导致矿物出现剪切应力，增加反应裂纹。尖晶石相和橄榄石相呈包裹状态。因此，研究钒渣中尖晶石相和橄榄石相的介电特性，对微波是否造成钒渣物料出现裂纹具有指导意义。在常温下，200 目钒渣、$FeCr_2O_4$、Fe_2SiO_4 的复介电常数的系数见表 5-1。

表 5-1　不同原料的复介电常数

物料	复介电常数实部	复介电常数虚部	介电损耗
200 目钒渣	4.65	25.66×10^{-2}	5.5×10^{-2}
$FeCr_2O_4$	2.89	10.12×10^{-3}	3.5×10^{-3}
Fe_2SiO_4	3.51	15.44×10^{-3}	4.4×10^{-3}

200 目钒渣的复介电常数表示为：

$$\varepsilon = \varepsilon' - j\varepsilon'' = 4.65 - j \times 25.66 \times 10^{-2} \tag{5-1}$$

$FeCr_2O_4$ 的复介电常数表示为：

$$\varepsilon = \varepsilon' - j\varepsilon'' = 2.89 - j \times 10.12 \times 10^{-3} \tag{5-2}$$

Fe_2SiO_4 的复介电常数表示为：

$$\varepsilon = \varepsilon' - j\varepsilon'' = 3.51 - j \times 15.44 \times 10^{-3} \tag{5-3}$$

FeV_2O_4 同样采用固相法合成，但因其介电损耗太大，圆柱体谐振腔微扰法无法测量，其介电损耗远大于 10^{-2}，高于 200 目钒渣、$FeCr_2O_4$ 和 Fe_2SiO_4。介电特性测试结果表明，在常温下，钒渣中的尖晶石相和橄榄石相介电特性不同。因此，同样微波能辐射下，较高介电常数相会有更高的温度，在尖晶石和橄榄石相之间形成温度梯度。相关文献显示，尖晶石线膨胀系数为 $7.6 \times 10^{-6}/K$，橄榄石线膨胀系数为 $11 \times 10^{-6}/K$。所以，通过对尖晶石相和橄榄石相介电特性分析表明，不同吸波能力的钒渣组分会在物料内部形成温度梯度，且膨胀系数的差异将会使物料产生热应力而形成微裂纹。

冶金物料中，介电损耗在 0.01 以上可以称为吸波物料。钒渣的介电损耗为 5.5×10^{-2}，属于可吸波物料。综合物料的升温特性和介电特性研究结果，钒渣具有较好的吸波和转换电磁能为热能的能力，而 NaCl、KCl、$AlCl_3$ 的吸波特性较差，对微波在一定程度上视为透过性，升温过程中均不能单独吸波，不能作氯化反应热源。综上，微波加热钒渣的可行性在升温特性和介电特性上均得到了一定验证。

5.1.4　微波的界面强化

经过扫描电镜分析对比微波辐射 200s 前后的钒渣形貌，如图 5-4 所示。图 5-4（a）EDS 面扫图显示，V、Cr 和 Fe 元素重叠，为尖晶石相，而 Fe 和 Si

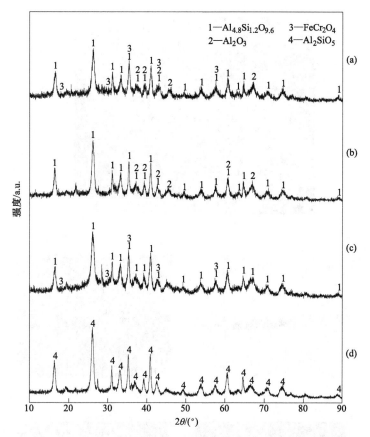

图5-6 微波加热与常规加热氯化产物离子水浸出后的X射线衍射图谱

(a) C-KCl; (b) C-NaCl; (c) M-KCl; (d) M-NaCl

图5-7 (a) (b) 所示为去离子水浸出后常规加热氯化产物的扫描电镜图谱对比, 图5-7 (c) (d) 所示为去离子水浸出后微波加热氯化产物的扫描电镜图谱对比。结果表明, 在尖晶石相和橄榄石相之间, 尖晶石内部出现了裂纹。裂纹的出现, 使氯化剂能更有效地接触反应面, 提取有价元素。对比发现, 如图 5-7 (b) 所示, NaCl 协同氯化出现的裂纹要比图 5-7 (a) 所示的 KCl 协同氯化多, 这也解释了添加氯化钠熔盐氯化率较高的原因。对比图 5-7 (a) (c) 发现, 添加微波场能促进矿相间形成更多微裂纹, SEM-EDS 面扫描也表明尖晶石相出现的裂纹之中为 K 元素, 微波场促进了 K 离子在矿相本体中的迁移, 使裂纹效果更加明显。在图 5-7 (c) (d) 中发现微波加热产生的裂纹更多, 对矿相的破坏效果更明显。NaCl 协同氯化作用比 KCl 协同氯化作用更强的原因可能是 NaCl 在微波场下的迁移破坏效果比 KCl 要强。在常规加热 NH_4Cl 熔盐氯化钒渣中, NaCl 与 KCl 协同氯化钒渣也有相似的效果。

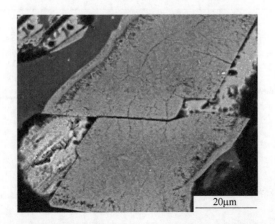

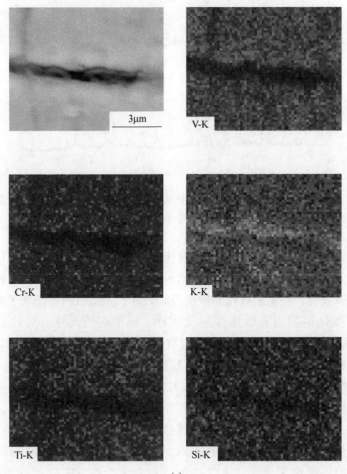

(a)

(b)

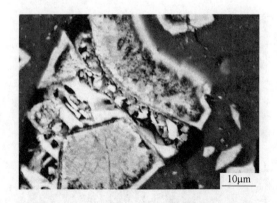

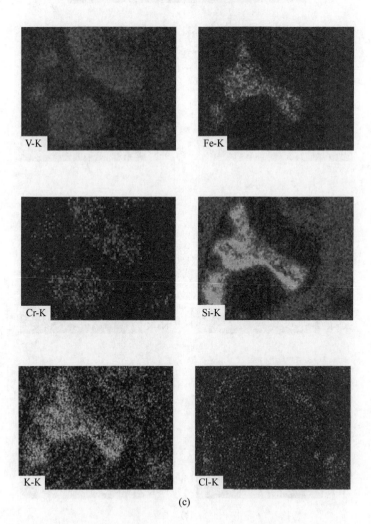

(c)

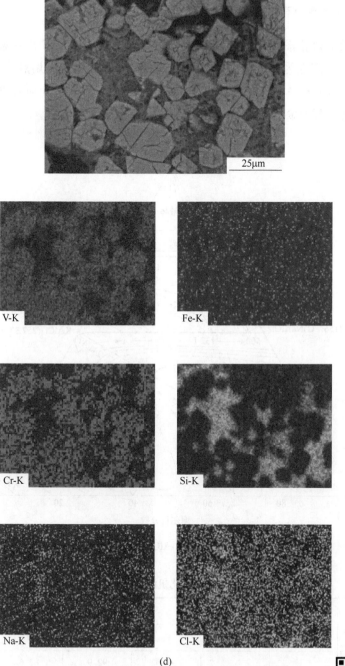

(d)

图 5-7　去离子水浸出后常规加热氯化产物的扫描电镜
图谱/微波加热氯化产物的扫描电镜图谱

（a）C-KCl；（b）C-NaCl；（c）M-KCl；（d）M-NaCl

扫一扫看更清楚

5.2.2 不同熔盐对有价金属提取率的影响

在三元熔盐相图 5-8 中选择 C 点、D 点和 E 点配比，C 点熔盐含有 NaCl、KCl 和 $AlCl_3$，熔点为 675℃；D 点熔盐只含有 NaCl 和 $AlCl_3$，熔点为 725℃；E 点熔盐只含有 KCl 和 $AlCl_3$，熔点为 625℃。研究 NaCl 与 KCl 分别对钒渣有价金属氯化的影响，有价金属 Fe、Mn、V、Cr 的提取率见表 5-3。

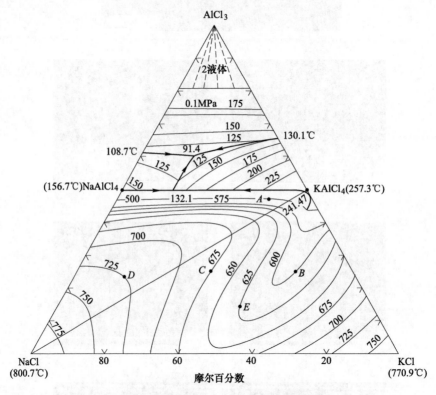

图 5-8 $NaCl$-KCl-$AlCl_3$ 三元熔盐相图

表 5-3   不同熔盐氯化钒渣的有价金属提取率

配比点	温度/℃	保温时间/min	提取率/%			
			Fe	Mn	V	Cr
C			91.6	92.9	82.6	75.8
D	800	30	77.4	68.7	56.3	68.6
E			66.5	67.6	34.1	56.2

表5-3显示，C点有价金属Fe、Mn、V和Cr的提取率高于D、E点，分别为91.6%、92.9%、82.6%、75.8%。NaCl-AlCl$_3$熔盐对有价金属Fe、Mn、V和Cr的提取率高于KCl-AlCl$_3$熔盐。与E点熔盐相比，D点熔盐配比在有价金属Fe、V和Cr上具有优势，在Mn的提取上优势较小。可以解释为橄榄石和尖晶石处于包裹状态，外层包裹的橄榄石都会与NaCl-AlCl$_3$熔盐、KCl-AlCl$_3$熔盐反应，而起始反应阶段，钒渣与两种熔盐介质的反应接触面积是相似的，所以对铁硅橄榄石和锰硅橄榄石中的有价元素Fe和Mn的提取相近，而Fe、V和Cr较高的提取率说明NaCl-AlCl$_3$熔盐与微波的耦合，强化提取了铁钒尖晶石和铁铬尖晶石中的有价元素Fe、V和Cr。因此，NaCl-AlCl$_3$熔盐氯化钒渣中，尖晶石赋存的Fe、V和Cr元素提取率高。结果表明，NaCl对提取有价金属V和Cr的作用要强于KCl，同时添加NaCl和KCl的有价金属提取率最高。

去离子水浸出前KCl、NaCl峰位较强，物相不明显，所以对比不同熔盐氯化产物去离子水浸出后的X射线衍射分析图谱，结果如图5-9所示。三种熔盐的氯化产物均存在Al-Si-O复合物，峰位强度逐渐降低，且在KCl-AlCl$_3$熔盐反应产物中，还出现了FeCr$_2$O$_4$尖晶石相，这也解释了KCl-AlCl$_3$熔盐产物Cr提取率较低的原因。而在NaCl-AlCl$_3$熔盐反应产物中，存在Ca$_2$MgSi$_2$O$_7$，这是Ca、Mg离子进入FeSi$_2$O$_4$后形成的产物，而在NaCl-KCl-AlCl$_3$熔盐中则只有Al$_2$SiO$_5$的峰位出现。

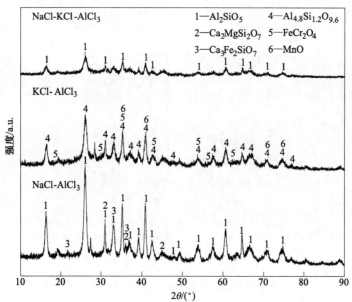

图5-9 不同熔盐氯化产物去离子水浸出后的X射线衍射分析图谱

图 5-10 所示为扫描电镜观察的氯化产物去离子水浸出后的形貌。图 5-10（a）所示为钒渣的原貌图，图中较为明亮处①是尖晶石相，较暗处②为橄榄石相，橄榄石相与尖晶石相处于互相包裹的形态。图 5-10（b）（c）所示分别为 KCl-AlCl$_3$ 熔盐与 NaCl-AlCl$_3$ 熔盐氯化钒渣的氯化产物经去离子水浸出后的形貌图，SEM-EDS 结果显示，两种熔盐氯化后的产物均有 Al-Si-O 复合物包裹，Al-Si-O 复合物的生成表明尖晶石相和橄榄石相均发生了不同程度的氯化反应，但扫描电镜可以看出氯化产物还存在原始矿相，表明钒渣并没有反应完全，还存在尖晶石和橄榄石相。图 5-10（d）所示为 KCl-NaCl-AlCl$_3$ 熔盐氯化产物经去离子水浸出后的形貌，可以观察到 Al-Si-O 复合物比 KCl-AlCl$_3$ 熔盐与 NaCl-AlCl$_3$ 熔盐多。且 SEM-EDS 显示，有价元素分布呈弥散分布，表明尖晶石和橄榄石相基

图 5-10　扫描电镜观察的氯化产物去离子水浸出后的形貌

（a）原钒渣；（b）KCl-AlCl$_3$ 熔盐；（c）NaCl-AlCl$_3$ 熔盐；

（d）NaCl-KCl-AlCl$_3$ 熔盐氯化产物去离子水浸出后的 SEM 图谱

本反应完全。在 ICP-AES 结果中也证实了 3 种熔盐中，KCl-NaCl-AlCl$_3$ 熔盐有价金属 Fe、Mn、V 和 Cr 的提取率较高。

KCl-NaCl-AlCl$_3$ 熔盐发生氯化反应的提取率较高原因可能为：在微波能作用下，钒渣矿相更容易产生微裂纹，增加与氯化剂的接触面积，从而增加有效反应面积，进而增强 KCl-NaCl-AlCl$_3$ 熔盐的氯化作用。

5.2.3 AlCl$_3$ 和钒渣质量比对提取率的影响

在研究 AlCl$_3$ 含量对钒渣氯化的影响中，氯化产物的提取率结果如图 5-11 所示。

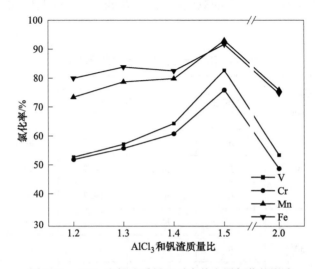

图 5-11　AlCl$_3$ 和钒渣质量比对有价金属氯化的影响

随着 AlCl$_3$ 和钒渣质量比的升高，有价金属 Fe、Mn、V 和 Cr 的提取率均呈先升高后降低的趋势。且在 AlCl$_3$ 和钒渣的质量比为 1.5 时，有价金属 Fe、Mn、V 和 Cr 的提取率达到最高，Fe、Mn、V 和 Cr 的提取率分别为 91.6%、92.9%、82.6% 和 75.8%。按反应理论计算，AlCl$_3$ 和钒渣的质量比为 1.17 刚好反应，但是没有考虑 AlCl$_3$ 的挥发量以及在熔盐中固定的量，所以随着 AlCl$_3$ 的含量增加，有价金属提取率会逐渐升高。AlCl$_3$ 和钒渣的质量比继续增加至 2.0，有价金属提取率开始降低。提取率降低的原因可能是过量 AlCl$_3$ 不能在熔盐中固定，导致了生成的氯化物大量挥发。AlCl$_3$ 和钒渣质量比对氯化反应的影响主要是挥发，导致参与氯化的 AlCl$_3$ 量减少，AlCl$_3$ 和钒渣的最佳质量比为 1.5。

5.2.4　AlCl₃-NaCl-KCl 熔盐成分选择

NaCl-KCl 熔盐可以与 AlCl₃ 形成三元系熔盐，相图如图 5-8 所示。三元系熔盐可以稳定 180℃开始挥发的 AlCl₃，提高参与氯化反应的氯化剂含量，且为生成的氯化产物提供液相溶解环境。

表 5-4 所示为有价金属 Fe、Mn、V 和 Cr 的提取率，结果表明 Fe 和 Mn 的提取率高于 V 和 Cr，在高温下的有价金属提取率高于低温，这可能与钒渣中尖晶石相和橄榄石相的反应顺序有关。500℃时，橄榄石相先于尖晶石相发生反应，较低的反应温度不利于尖晶石的氯化。在 A、B 处的不同熔盐配比是低于 C 处的熔盐配比的。

表 5-4　不同配比点的有价金属提取率

加热温度 /℃	保温时间 /min	熔盐配比	元素的提取率/%			
			V	Cr	Mn	Fe
600	30	A	3.7	12.1	64.7	59.0
		B	24.4	14.9	59.9	60.6
		C	30.6	24.7	64.0	59.1
900	30	A	74.2	68.1	88.1	89.5
		B	80.7	73.4	87.5	89.0
		C	88.5	78.7	97.7	96.3

5.2.5　温度与时间对钒渣氯化的影响

微波（M）场下，温度对钒渣中有价金属提取率的影响如图 5-12 所示。

在 600℃时，V 和 Cr 的提取率分别为 30.5%和 24.6%。温度升至 800℃时，钒渣中有价金属 Fe、Mn、V、Cr 和 Ti 的提取率分别为 91.6%、92.9%、82.6%、75.8%和 63.1%。结果表明，随着温度的升高，钒渣中有价金属 Fe、Mn、V、Cr 和 Ti 的提取率显著增加，当微波加热到 800℃时，提取率逐渐达到稳定状态，有价金属 Mn 的提取率稍高于 Fe，V 则稍高于 Cr，这与热力学条件上各反应的吉布斯自由能相符。不同温度氯化后的产物用去离子水浸出后的 X 射线衍射图如图 5-13 所示。

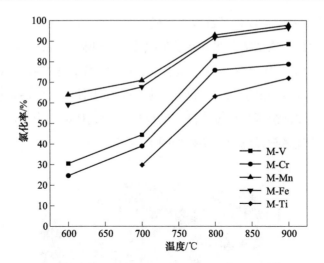

图 5-12 不同温度对有价金属提取率的影响

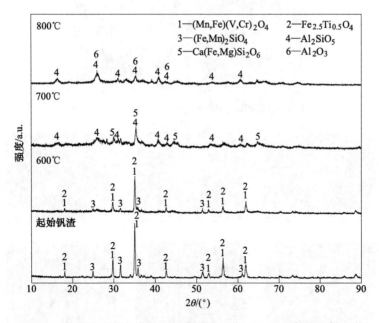

图 5-13 不同温度氯化产物（去离子水浸出后）的 X 射线衍射图谱

X 射线衍射分析表明，在 600℃ 时氯化产物含有尖晶石、铁橄榄石和钛磁铁矿，且对比钒渣的原始矿相峰位，发现橄榄石相和尖晶石相峰位减弱，说明 $AlCl_3$ 在 600℃ 时已经与钒渣发生了氯化反应，ICP 结果也显示 600℃ 时，有价金属 Fe、Mn、V 和 Cr 均有一定的提取率，但 Fe 和 Mn 的提取率要高于 V 和 Cr。温度继续增加至 700℃，氯化产物出现了 Al_2SiO_5 和 $Ca(Fe,Mn)Si_2O_6$ 物相峰位，其中 Mg、Ca 和 Mn 元素取代了铁橄榄石相中的一些 Fe 形成了 $Ca(Fe,Mn)Si_2O_6$，它的形成表明大部分铁橄榄石相开始发生氯化，但铁橄榄石并没有反应完全，这也导致了 Fe 和 Mn 只有 70% 左右的提取率。在 800℃ 氯化产物 X 射线衍射图谱中，$Ca(Fe,Mn)Si_2O_6$ 相消失，Fe 和 Mn 的提取率分别达到 91.8% 和 92.4%，钒渣中的尖晶石相和橄榄石相峰位均没有出现在 X 射线衍射图中。对不同温度下的氯化产物水浸后观察扫描电镜，结果如图 5-14 所示。

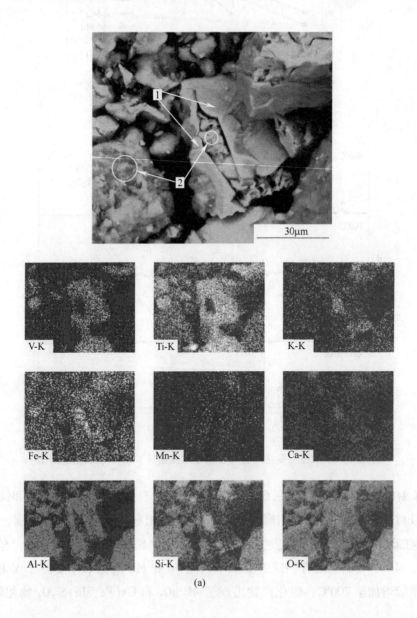

(a)

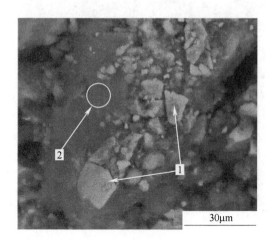

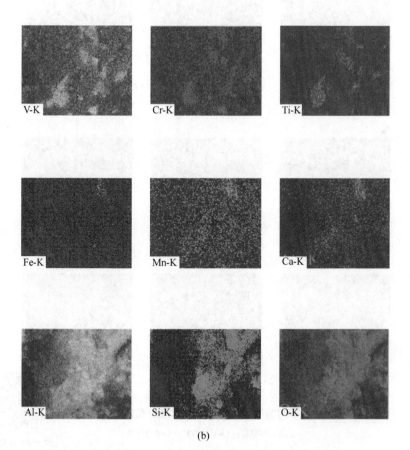

(b)

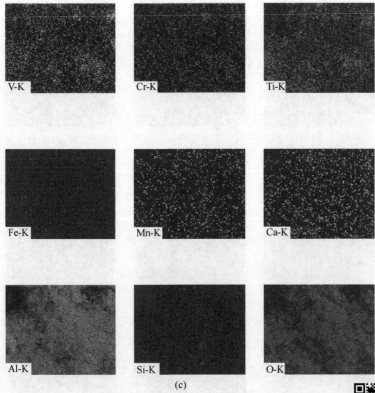

图 5-14　不同温度下的氯化产物水浸后观察扫描电镜图
(a) 600℃；(b) 700℃；(c) 800℃

扫一扫看更清楚

600℃时，有价金属 Fe 和 Mn 的提取率要高于 V 和 Cr，在图 5-14（a）中，可以观察到尖晶石（1）和橄榄石（2）相界面处产生了空隙，且橄榄石相（2）被絮状物包裹，EDS 表明絮状物的组成是 Al-Si-O，这表明 AlCl$_3$ 首先是与橄榄石相（2）反应，再与尖晶石相发生氯化反应。但是在 X 射线衍射图中没有观察到 Al-Si-O 的峰位，这可能是由于微波加热速率太快，Al$_2$O$_3$ 与 SiO$_2$ 没有及时发生反应。有价金属 Fe 和 Mn（橄榄石）的氯化速率要高于 V 和 Cr（尖晶石）。图 5-14（b）所示为微波加热至 700℃，保温 30min 的氯化产物扫描电镜图片。可以观察到尖晶石相（1）和橄榄石相（2）几乎完全被絮状物包裹，因此尖晶石相的峰位没有出现在 X 射线衍射图谱中，这也是有价金属提取率相对较低的原因。如图 5-14（c）所示，尖晶石和橄榄石相的形貌在扫描电镜图谱中消失，并且 EDS 分析残余有价元素呈弥散分布。扫描电镜图谱也表明，微波加热至 800℃，保温 30min 基本上可以完全氯化钒渣，这与 ICP-AES 的测量结果一致。

时间对钒渣有价金属提取率的影响如图 5-15 所示，Fe 和 Mn 的提取率高于 V 和 Cr，基本在 80% 以上，V 和 Cr 的提取率在 20min 内增加了 30%，有价金属 V 和 Cr 对氯化时间的敏感性强于 Fe 和 Mn。保温 30min 后，Fe 的提取率为 91.6%，随着保温时间继续增加，有价金属 Fe 的提取率降至 89.0%。Cr 的提取率与 Fe 的变化相同，这可能与氯化物的挥发有关。通过 FactSage 软件计算 FeCl$_2$、MnCl$_2$、VCl$_3$ 和 CrCl$_3$ 在各温度下的饱和蒸气压。具有正饱和蒸汽压的 FeCl$_2$、CrCl$_3$ 和 VCl$_3$ 挥发比 MnCl$_2$ 更严重。Fe 和 Cr 提取率的降低可能是样品升温过程局部温度升高，导致了饱和蒸汽压的改变，氯化物开始挥发。

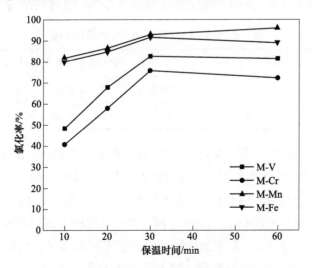

图 5-15　保温时间对有价金属提取率的影响

随着氯化时间的延长，样品的挥发率逐渐增加。保温30min后样品的挥发率为1.9%，随着氯化时间增加至60min，样品的挥发率增加至4.3%。因此，最佳氯化时间为30min。

5.2.6 微波加热与常规加热对比

在800℃时，对比常规加热与微波加热氯化钒渣中有价金属 Fe、Mn、V、Cr和 Ti 的提取率，结果见表5-5。

表5-5 微波加热和常规加热有价金属提取率对比

加热方式	保温时间/h	提取率/%				
		Fe	Mn	V	Cr	Ti
常规加热	8	66	80	72	61	51
微波加热	0.5	91.6	92.9	82.6	75.8	63.1

与常规加热相比，微波加热氯化钒渣中的有价金属具有更高的提取率，800℃保温 30min，Fe、Mn、V、Cr 和 Ti 的提取率分别为 91.6%、92.9%、82.6%、75.8%和63.1%。微波加热显著缩短了钒渣氯化的保温时间。微波能具有快速加热的优点，钒渣-(NaCl-KCl)-AlCl$_3$ 混合物被证明是一种良好的吸波物料，微波加热12min 物料升温至 800℃。然而，4kW 的常规碳硅棒竖炉加热至 800℃需要 3.5h，且氯化过程要保温 8h。微波加热明显降低了能源消耗。根据产物中 Fe、Mn、V、Cr 和 Al 离子浓度计算，800℃保温 30min 熔盐中 AlCl$_3$ 的质量平衡见表5-6。

表5-6 微波加热 30min AlCl$_3$ 的质量平衡

温度/℃	时间/h	AlCl$_3$ 含量（质量分数）/%		
		用于氯化	熔盐固定	挥发
800	0.5	53.10	42.98	3.92

微波加热至 800℃保温 30min，AlCl$_3$ 的挥发率为 3.92%，而常规加热 1h 至900℃，AlCl$_3$ 的挥发率为 8.97%，表明微波加热将更多的 AlCl$_3$ 固定在熔融盐中。微波加热和常规加热在不同温度下的挥发率对比，如图 5-16 所示。常规加热至900℃保温 8h，钒渣-(NaCl-KCl)-AlCl$_3$ 混合物样品的挥发率为 15%，而微波加热30min 挥发率仅为 3.1%。常规加热样品的挥发率明显高于微波加热。缩短加热时间将使熔盐中更多的 AlCl$_3$ 稳定，这可以减少 AlCl$_3$ 的挥发。

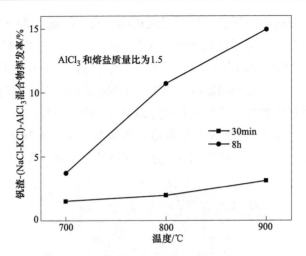

图 5-16 微波加热与常规加热样品挥发率对比

5.3 微波场下的钒渣氯化动力学

5.3.1 氯化产物物相演变

不同氯化时间（5.8min、8.3min 和 10.8min）产物的 X 射线衍射，如图 5-17 所示，图 5-18 所示为氯化产物的扫描电镜图。

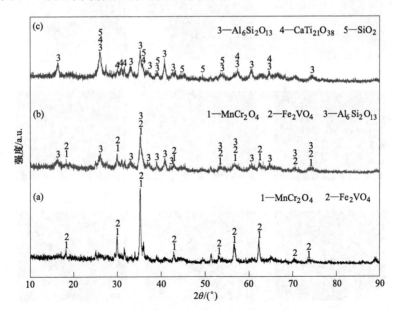

图 5-17 不同氯化时间氯化产物的 X 射线衍射图

随着微波加热时间的延长，样品温度逐渐升高，加热 5.8min 时样品温度为 507.9℃，图 5-17（a）显示氯化产物中存在反式尖晶石相，ICP 结果（见表 5-7）显示 V 和 Cr 的提取率分别为 2.3% 和 1.9%，较低的提取率表明尖晶石相没有大量发生氯化反应，尖晶石相和橄榄石相还呈互相包裹的形态，出现反式尖晶石相的原因可能是氯化产物在较低温度取出过程中被氧化；同时，Fe 和 Mn 的提取率都达到 45% 以上，表明橄榄石相更容易发生氯化反应。8.3min 样品温度升至 686.3℃，图 5-17（b）中尖晶石相峰强度继续降低，表明尖晶石相继续发生反应，

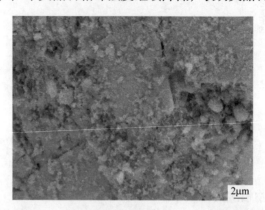

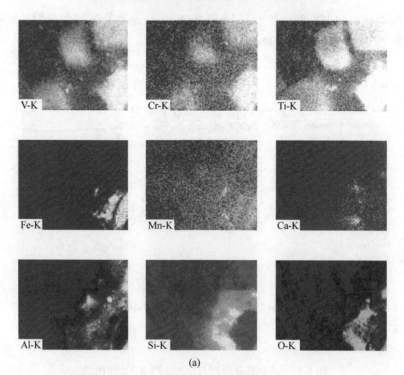

(a)

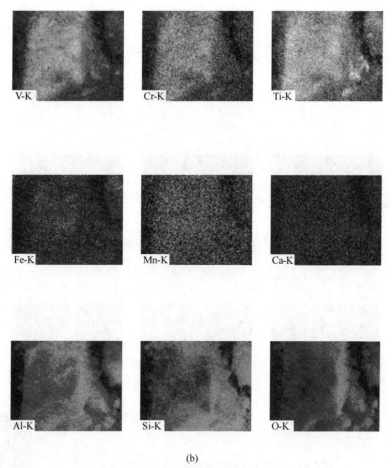

(b)

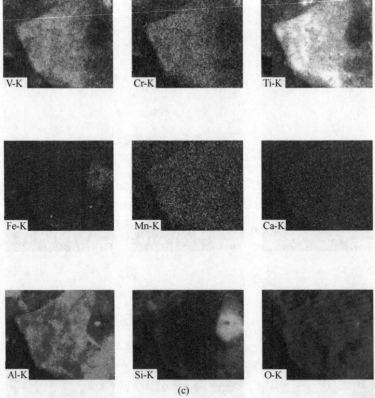

(c)

图 5-18　不同氯化时间微波加热氯化产物的 SEM 图谱

扫一扫看更清楚

且 Al-Si-O 复合物相峰强度增加，Fe 和 Mn 提取率也达到 70% 以上，图 5-18（b）EDS 显示 V、Cr 和 Ti 元素均存在，Fe、Mn 和 Ca 元素也分布在尖晶石表面，尖晶石和橄榄石两相互相包裹的现象消失。10.8min 样品温度升至 795.6℃，图 5-17（c）显示尖晶石相的峰位消失，但图 5-18（c）EDS 显示还有尖晶石物相的组成元素，可能是由于 Al-Si-O 复合物对物相的包裹，X 射线衍射图并没有显示出尖晶石相峰位。

因此，与有价元素 Fe 和 Mn 比较，尖晶石相中的有价金属元素 V 和 Cr 需要更长的反应时间实现分离提取。

5.3.2 微波加热的非等温动力学

不同氯化时间的有价金属提取率见表 5-7，升温过程 T/t 关系曲线，如图 5-19 所示。

表 5-7 微波加热不同时间氯化产物中有价金属的提取率

处理时间/s	反应温度/℃	元素提取率/%			
		V	Cr	Mn	Fe
350	507.9	2.3	1.9	49.2	46.0
400	577.3	5.5	5.0	59.4	56.1
450	635.7	8.0	10.2	65.5	59.5
500	686.3	15.1	11.1	73.4	68.1
550	728.5	18.9	21.1	77.5	72.2
600	765.4	18.0	22.6	78.7	74.9
650	795.6	20.0	23.8	79.2	77.9

熔盐氯化钒渣过程可以用液固未反应收缩核模型来描述。在本实验条件下，确保了熔盐中 $AlCl_3$ 是过量的，考虑到熔盐中计算 $AlCl_3$ 浓度比较复杂，所以用质量分数代替浓度。通过表 5-7 元素提取率计算 $AlCl_3$ 的消耗量约为 3.4g，$AlCl_3$ 的初始质量分数为 37.5%，而动力学研究终点 $AlCl_3$ 的质量分数为 31.6%。在反应过程中采用 $AlCl_3$ 浓度近似不变方法处理动力学方程。如果扩散环节为氯化反应的控速步骤，对于不可逆反应，颗粒物表面的浓度 $c_s = c_s' \approx 0$，反应物在边界层

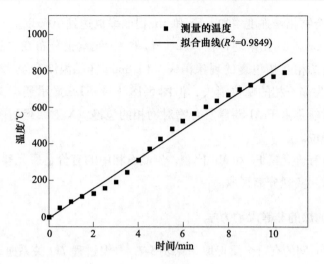

图 5-19　样品升温过程 T/t 关系

的传质速率与消耗物在未反应核界面的速率相等，非等温过程传质系数可以由公式 Arrhenius 表示，动力学方程可以表示为：

$$\ln\left(\frac{x}{T^2}\right) = \ln\left(\frac{3bc_0 D_0^{\ominus} MRT^2}{\rho\beta r_0 \Delta E_1}\right) - \frac{\Delta E_1}{RT} \tag{5-4}$$

式中　T——绝对温度，K；

　　　r_0——钒渣颗粒半径，μm；

　　　ρ——钒渣的密度，g/cm³；

　　　β——样品加热速率，kJ/(m²·h)；

　　　M——钒渣的摩尔质量，g/mol；

　　　$D_0^{\ominus}$——与材料本身性质有关的扩散系数；

　　　x——有价金属的提取率，%；

　　　ΔE_1——液相边界层的扩散活化能；

　　　R——气体常数；

　　　b——AlCl₃ 系数；

　　　c_0——AlCl₃ 初始浓度，mol/L。

　　如果内扩散为氯化钒渣过程的控速步骤，$c_s = c_0$，对于不可逆反应，$c_s' \approx 0$，固体消耗速率与反应物扩散通量成正比，非等温过程传质系数可以由 Arrhenius 公式表示，内扩散控制的非等温动力学可以描述为：

$$\ln\left(\frac{1 - 3(1-x)^{2/3} + 2(1-x)}{T^2}\right) = \ln\left(\frac{6c_0 D_0^{\ominus} MR}{b\rho\beta r_0^2 \Delta E_2}\right) - \frac{\Delta E_2}{RT} \tag{5-5}$$

式中 T——绝对温度，K；

$\quad r_0$——钒渣颗粒半径，μm；

$\quad \rho$——钒渣的密度，g/cm^3；

$\quad \beta$——样品加热速率，kJ/(m^2·h)；

$\quad M$——钒渣的摩尔质量，g/mol；

$\quad D_0^\ominus$——与材料本身性质有关的扩散系数；

$\quad x$——有价金属的提取率，%；

$\quad \Delta E_2$——固体产物层的扩散活化能；

$\quad R$——气体常数；

$\quad b$——AlCl$_3$ 系数；

$\quad c_0$——AlCl$_3$ 初始浓度，mol/L。

如果氯化钒渣过程控速步骤为表面化学反应，可表示为：

$$\ln\left[\frac{1-(1-x)^{1/3}}{T^{1.92}}\right] = \ln\left(\frac{c_0 AMR}{b\rho\beta r_0 E_a}\right) - 1.0008\frac{E_a}{RT} \quad (5\text{-}6)$$

式中 T——绝对温度，K；

$\quad r_0$——钒渣颗粒半径，μm；

$\quad \rho$——钒渣的密度，g/cm^3；

$\quad x$——氯化产物中有价金属的提取率，%；

$\quad \beta$——样品加热速率，kJ/(m^2·h)；

$\quad M$——钒渣的摩尔质量，g/mol；

$\quad E_a$——有价金属的表观活化能；

$\quad R$——气体常数；

$\quad A$——指前因子；

$\quad b$——AlCl$_3$ 系数；

$\quad c_0$——AlCl$_3$ 初始浓度，mol/L。

将 Fe、Mn、V 和 Cr 在 800℃ 下的提取率数据拟合到方程式（5-4）~式（5-6）中，见表 5-8。对于 Fe 和 Mn，方程式（5-5）表现出更高的相关系数值，表明速控环节为扩散控制；对于 V 和 Cr，方程式（5-6）表现出更高的相关系数值，在外扩散环节时，AlCl$_3$ 浓度较高不会成为控制环节，但内扩散环节相关系数同样较高，表明对于 V、Cr 可能是化学反应与内扩散环节共同控制，这与钒渣中橄榄石相与尖晶石相先后反应机制吻合。

表 5-8 动力学方程的相关系数

动力学方程	相关系数值			
	Fe	Mn	V	Cr
$\ln\left(\dfrac{x}{T^2}\right) = \ln\left(\dfrac{3bc_0 D_0^{\ominus} MR}{\rho\beta r_0 \Delta E_1}\right) - \dfrac{\Delta E_1}{RT}$	0.642	0.568	0.912	0.934
$\ln\left(\dfrac{1 - 3(1-x)^{2/3} + 2(1-x)}{T^2}\right) = \ln\left(\dfrac{6c_0 D_0^{\ominus} MR}{b\rho\beta r_0^2 \Delta E_2}\right) - \dfrac{\Delta E_2}{RT}$	0.960	0.902	0.936	0.945
$\ln\left(\dfrac{1 - (1-x)^{1/3}}{T^{1.92}}\right) = \ln\left(\dfrac{c_0 AMR}{b\rho\beta r_0 E_a}\right) - 1.0008\dfrac{E_a}{RT}$	0.695	0.358	0.946	0.967

图 5-20 所示为 $\ln[(1-(1-x)^{1/3})/T^{1.92}]$ 和 $\ln[(3-2x-3(1-x)^{2/3})/T^2]$ 对 $1000/T$ 作图，得 V、Cr 拟合方程，由此曲线求得 V 和 Cr 的表观活化能分别为 40.0kJ/mol 和 50.9kJ/mol。微波加热过程中，Fe 和 Mn 非等温动力学曲线的 k_0 值 $\left(\ln\left(\dfrac{6c_0 D_0^{\ominus} MR}{b\rho\beta r_0^2 \Delta E_2}\right)\right)$ 分别为 -13.1 和 -11.5。

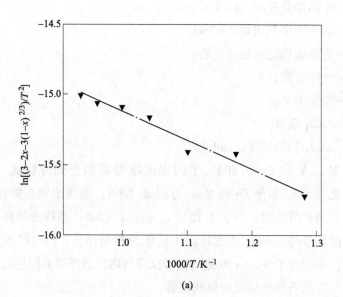

(a)

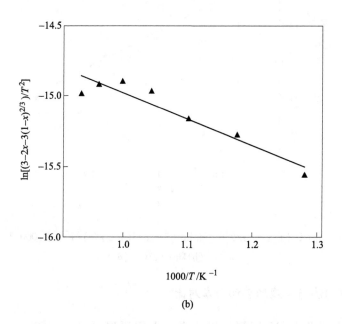

(b)

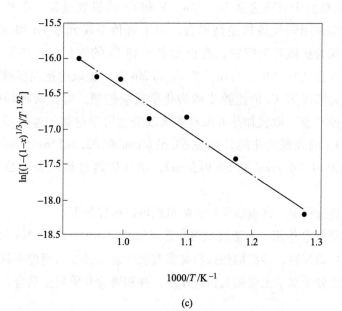

(c)

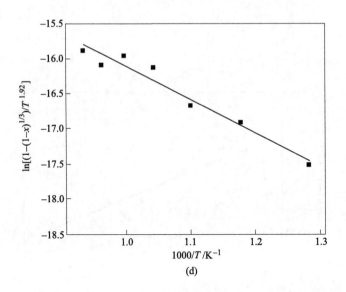

(d)

图 5-20 $\ln[(1-(1-x)^{1/3})/T^{1.92}]$ 和 $\ln[(3-2x-3(1-x)^{2/3})/T^2]$ 与 $1000/T$ 的关系
(a)Fe; (b)Mn; (c)Cr; (d)V

5.3.3 微波加热与常规加热动力学对比

在常规加热熔盐 $AlCl_3$ 氯化钒渣中，采用恒温（850～950℃）动力学研究了 $AlCl_3$ 氯化钒渣中有价金属 Fe、Mn、V 和 Cr 的提取过程。在两种加热方式中氯化反应均采用未反应核模型拟合。对于有价金属元素 Fe 和 Mn 的氯化提取，速控步骤为扩散环节控制，有价元素 V 和 Cr 的氯化速控步骤为界面化学反应环节。在微波加热中，有价元素 Fe 和 Mn 氯化提取的速控步骤为内扩散控制，而有价元素 V 和 Cr 的速控步骤为化学反应控制。对比两种加热方式对有价元素的速控环节，微波加热并没有实质改变动力学过程的速控步骤。常规加热中，V 和 Cr 的表观活化能分别为 64.6kJ/mol 和 63.3kJ/mol，而微波加热的活化能分别为 40.0kJ/mol 和 50.9kJ/mol，微波加热过程的表观活化能低于常规加热。

微波加热过程中，高效氯化钒渣的机理可以解释如下：

（1）增强扩散作用。在微波加热和常规加热过程中，Fe 和 Mn 的速率控制步骤都为扩散步骤控制，微波加热并没有实质改变氯化过程的速控步骤，微波交变电场和磁场在分子水平上直接与钒渣作用，并和熔盐介质发生耦合，增强了离子的扩散。

（2）局部高温效应。钒渣中的 V 和 Fe 作为良好的微波吸收材料成分可以在微波选择性加热特点下吸波升温。在微波加热熔盐氯化钒渣过程中，可以观察到火花或电弧现象。这些火花或电弧可以被视为微观水平的微等离子体，而微波等离子体可能导致物料出现局部高温区域，促进有价金属的氯化。

5.4　本 章 小 结

通过针对熔盐氯化钒渣氯化剂挥发较高、保温时间较长、能耗较大等问题，采用微波加热的方法，对熔盐氯化钒渣的可行性分析、物相变化规律及氯化动力学的研究，以及热力学计算和实验研究钒渣及氯化剂对微波电磁特性的影响，探讨了热应力对钒渣包裹物相出现裂纹的机理。同时，对微波与熔盐氯化钒渣过程的物相演变和氯化动力学的研究，验证了微波加热有助于减小氯化物的挥发以及减小能源消耗，更高效地提取了钒渣中的有价金属元素：

（1）氯化剂 NaCl、KCl、$AlCl_3$ 的升温特性较差，平均升温速率分别为 11℃/min、6℃/min 和 2.8℃/min，而钒渣具有良好的升温特性，平均升温速率为 134℃/min。钒渣升温特性随粒度的增大而增大，随质量的增大呈先增大后减小的趋势。在混合物料升温中，钒渣-$AlCl_3$ 混合物升至指定温度后出现温度下降，而钒渣-(NaCl-KCl)-$AlCl_3$ 混合物的升温较为稳定，表明熔盐具有保温作用，在氯化反应中添加熔盐介质有利于氯化的进行。

（2）采用圆柱体谐振腔微扰法测量的原料介电性能发现，常温下 200 目钒渣具有良好的吸波性能，损耗角正切为 $5.5×10^{-2}$，在介电特性条件上微波加热钒渣具有可行性。而氯化剂转换电磁能为热能的能力较差，基本上为微波透过材料。在常温下，钒渣中的铁铬尖晶石和铁硅橄榄石相的损耗角正切分别为 $3.5×10^{-3}$ 和 $4.4×10^{-3}$，铁钒尖晶石相的损耗角正切超过圆柱体谐振腔微扰法升温最大测量值 10^{-2}，是钒渣中的主要吸波成分，且尖晶石相的吸微波能力强于橄榄石相。

（3）钒渣压块后微波辐射 200s 发现有一定数量的裂纹形成，面扫能谱显示裂纹随着 Si 元素与 V 元素的交界处延伸至尖晶石基体。橄榄石相和尖晶石相的介电性能差异会导致钒渣内部形成温度梯度，而温度梯度则会增加不同膨胀系数橄榄石和尖晶石的宏观应力，产生剪切和拉升应力导致钒渣产生裂纹。

（4）NaCl 与 KCl 协同 $AlCl_3$ 氯化钒渣中，NaCl 对 $AlCl_3$ 氯化钒渣的作用要强于 KCl，在两种熔盐中均能观察到微波与熔盐耦合作用造成的裂纹，Na 离子与 K 离子均存在于钒渣裂缝之间，但 NaCl 与 $AlCl_3$ 协同氯化钒渣造成的裂纹更多，氯化效果更强。

(5) 通过对比不同熔盐氯化钒渣的效果，添加 KCl-NaCl-AlCl$_3$ 熔盐对钒渣的氯化效果最佳。微波加热至 80℃，保温 30min，AlCl$_3$ 和钒渣的质量比为 1.5，AlCl$_3$ 和 NaCl-KCl 的质量比为 3：5 时，有价金属 Fe、Mn、V、Cr 和 Ti 的提取率分别为 91.6%、92.9%、82.6%、75.8% 和 63.1%。对比常规加热和微波加热氯化钒渣，在相同实验条件下，微波加热有价金属的提取率要高于常规加热，AlCl$_3$ 和钒渣-(NaCl-KCl)-AlCl$_3$ 混合物样品的挥发率分别为 3.92% 和 1.96%。微波加热可降低 AlCl$_3$ 的挥发率，缩短保温时间，其能耗也明显低于常规加热。

(6) 微波氯化钒渣中，橄榄石相优先于尖晶石相发生反应，V 和 Cr 对时间的敏感性高于 Fe 和 Mn，延长氯化时间，有利于 V 和 Cr 的氯化。微波与熔盐氯化钒渣的非等温动力学过程，有价元素 V 和 Cr 的限制性速控步骤为化学反应环节控制，而有价元素 Fe 和 Mn 为扩散环节控制。采用方程 $\ln\left(\dfrac{1-(1-x)^{1/3}}{T^{1.92}}\right) = \ln\left(\dfrac{c_0 AMR}{b\rho\beta r_0 E_a}\right) - 1.0008\dfrac{E_a}{RT}$ 描述 V 和 Cr 的氯化反应，V 和 Cr 的表观活化能分别为 40.0kJ/mol 和 50.9kJ/mol，采用方程 $\ln\left(\dfrac{1-3(1-x)^{2/3}+2(1-x)}{T^2}\right) = \ln\left(\dfrac{6c_0 D_0^{\ominus} MR}{b\rho\beta r_0^2 \Delta E_2}\right) - \dfrac{\Delta E_2}{RT}$ 描述 Fe 和 Mn 的氯化反应，Fe 和 Mn 非等温动力学扩散活化能为 17.0kJ/mol 和 17.1kJ/mol。

6 氯化物的高值化利用

《《

6.1 铁锰制备铁氧体

钒渣经过 NH_4Cl 选择性氯化提取之后，铁和锰分别以 $FeCl_2$ 和 $MnCl_2$ 的形式存在，通过水洗之后，形成含有 $FeCl_2$ 和 $MnCl_2$ 的水溶液。为了实现铁和锰的高值化，选择铁和锰用于合成锰锌铁氧体。传统的制备锰锌铁氧体的方法主要有固相合成法、水热法和溶胶-凝胶法等，其中固相合成法在工业上应用广泛。因此，选择固相合成法合成锰锌铁氧体，考虑到固相合成法是从纯物质中制备同时需要球磨混合实现均匀化，氯化法得到的铁和锰是以氯化物的形式存在，采用氨水沉淀水溶液，可实现铁和锰的共沉淀，可以减少固相合成法球磨步骤。因此，考虑不经过球磨同时不经过预焙烧一步焙烧制备铁氧体的初步试验。由于通过选择性熔盐氯化提取钒渣中铁和锰，在沉淀过程中会有一部分氯离子存在于 $Fe(OH)_3$、$Zn(OH)_2$ 和 Mn_2O_3 相中。固相焙烧法在一定程度上可以去除样品中的氯离子。本节重点考虑不同的影响因素对合成锰锌铁氧体纯度及性能的影响。

6.1.1 铁锰的选择性氧化

表 6-1 表示钒渣经过 NH_4Cl 氯化后，通过水浸得到的滤液主要元素组成。得到的滤液为主要含有 $FeCl_2$ 和 $MnCl_2$ 的水溶液。同时含有一定量的杂质元素 Ca 和 Si。在浸出液中，Fe 以 2 价的形式存在，Mn 以 2 价的形式存在。但是在 Mn-Zn 铁氧体（AB_2O_4）中，Fe 以 3 价的形式存在，Mn 以 2 价的形式存在。因此，把 NH_4Cl 氯化钒渣后的浸出液作为原料，用于合成锰锌铁氧体材料，需要氧化浸出液中的 2 价铁离子为 3 价铁离子。选择 H_2O_2 用于选择性氧化浸出液中的铁。图 6-1 所示为 25℃，$Fe-Mn-H_2O$ 系的 E-pH 值图。从图 6-1 中可以看出，在 pH 值为 1 时，加入双氧水后，Fe^{2+} 变为 Fe^{3+}，在 pH 值为 1.4 时，3 价铁离子开始沉淀。同时，从图 6-1 可以看出，在 pH 值大于 5 时，Mn^{2+} 开始沉淀。

表 6-1　　NH$_4$Cl 氯化钒渣后得到的滤液主要元素组成　　　　（mg/L）

元素	Fe	Mn	Si	Ca	Mg
含量	91	17.5	≤0.5	1.02	≤0.05

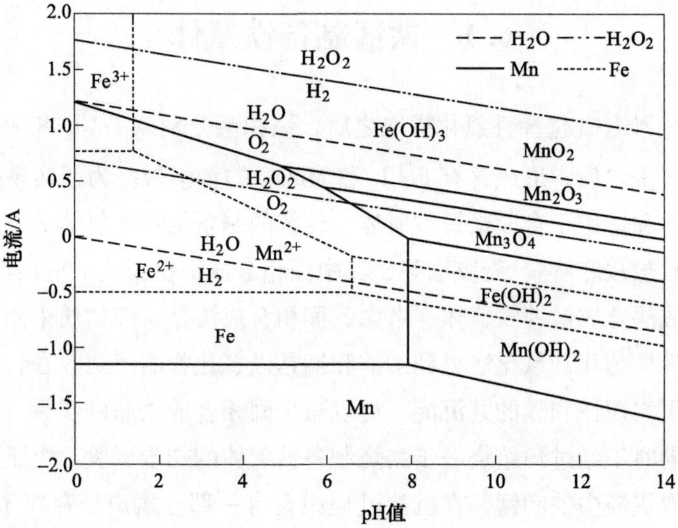

图 6-1　25℃，Fe-Mn-H$_2$O 系的 E-pH 值图

　　虽然通过图 6-1 可以得到铁和锰开始沉淀的 pH 值，但是 pH 值为多少时铁和锰完全沉淀无法得到。为了合成 Mn-Zn 铁氧体，对 Fe、Mn 和 Zn 在不同 pH 值下的沉淀率进行了研究。图 6-2 所示为 Fe、Mn 和 Zn 在不同 pH 值下的沉淀率。在 pH 值为 8~10 时，铁完全沉淀。随着 pH 值从 8 增加到 9，锌的沉淀率基本不变。之后，随着 pH 值从 9 增加到 10，锌的沉淀率开始降低。由于 Zn(OH)$_2$ 为两性物质，可以发生反应为：

$$Zn^{2+} + OH^- \rightleftharpoons Zn(OH)_2 \tag{6-1}$$

$$Zn(OH)_2 + 2OH^- \rightleftharpoons ZnO_2^{2-} + 2H_2O \tag{6-2}$$

　　随着 pH 值从 8 增加到 10，锰的沉淀率显著增加。因此，最佳条件为 pH 值为 10。同时，从图 6-1 可以看出，加入 H$_2$O$_2$，Mn^{2+} 以 MnO$_2$、Mn$_3$O$_4$ 和 Mn$_2$O$_3$ 形式沉淀。

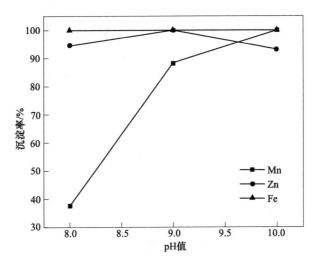

图 6-2 在不同 pH 值条件下，Fe、Mn 和 Zn 的沉淀率

6.1.2 Mn : Zn 比例对 Mn-Zn 铁氧体结构和性质的影响

为了提高铁氧体的磁性，Zn 作为掺杂元素被用于合成 Mn-Zn 铁氧体。图 6-3 (a) 所示为 Mn : Zn 摩尔比对 AB_2O_4 结构的影响。随着 Zn 掺杂量从 0 增加到 0.7，XRD 图表明都为单晶相的 Mn-Zn 铁氧体。更重要的是，从图 6-3 (b) 中可以看出，随着 Zn 含量从 0 增加到 0.7，由于 Zn^{2+} (74×10^{-10}m) 离子半径比 Mn^{2+} (80×10^{-10}m) 离子半径小，合成的 Mn-Zn 铁氧体的 2θ 角持续的向高角度偏移，说明锌被掺杂到了合成的铁氧体中。

Mn-Zn 铁氧体的晶粒尺寸可以通过 Scherrer 方程式 (6-3) 进行计算：

$$d = \frac{0.9\lambda}{\beta cos\theta} \tag{6-3}$$

式中　d——合成的 Mn-Zn 铁氧体平均晶粒尺寸；

　　　λ——X 射线衍射波长 (0.15405nm)；

　　　β——(311) 衍射峰的半峰宽；

　　　2θ——合成的 Mn-Zn 铁氧体最高衍射峰 (311) 的位置。

因此，由式 (6-3) 计算得到 $MnFe_2O_4$、$(Mn_{0.8}Zn_{0.2})Fe_2O_4$ 和 $(Mn_{0.3}Zn_{0.7})Fe_2O_4$ 的晶粒尺寸分别为 58.37nm、78.31nm 和 68.17nm。

图 6-4 所示为 Zn 含量对合成的铁氧体的饱和磁性 (M_s) 和矫顽力 (H_c) 的影响的关系图。由图 6-4 可知，随着锌离子含量从 0 增加到 0.2，合成样品的饱和磁性从 58.05emu/g 增加到 68.62emu/g。然后随着锌离子含量从 0.2 增加到

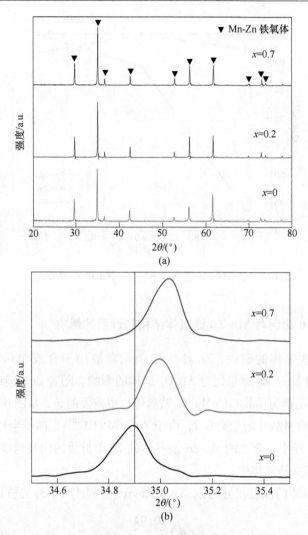

图 6-3　AB$_2$O$_4$ 能谱图

（a）合成的 Mn$_{1-x}$Zn$_x$Fe$_2$O$_4$ 的 XRD 图谱；（b）随着 Zn 的掺杂，2θ 从 34.5° 到 35.5° 的移动

0.7，合成样品的饱和磁性从 68.62emu/g 快速降到 36.1emu/g。随着锌离子含量从 0 增加到 0.2，合成样品的矫顽力从 560Oe 降到了 3.30e。然后，随着锌离子的含量从 0.2 增加到 0.7，合成样品的矫顽力变化不大。锌含量对锰锌铁氧体的磁性有很大影响，同样的结论文献中已有报道。铁氧体的矫顽力和铁氧体晶粒尺寸成反比。同时，铁氧体的矫顽力随着各向异性常数增加而增加。锰铁氧体的和锌铁氧体的各向异性常数为负，锰锌铁氧体的各向异性常数绝对值随着锌含量的增加降低。因此，从钒渣中制备出来的锰锌铁氧体，锌最佳含量为 0.2。从不同原

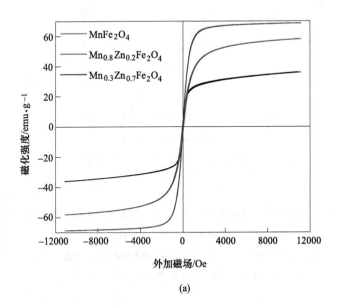

(a)

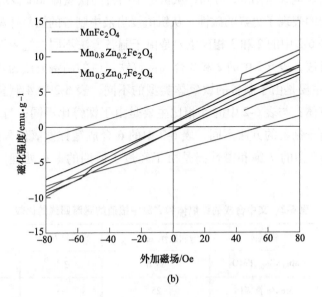

(b)

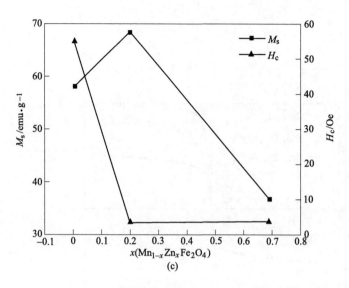

扫一扫看更清楚

图 6-4　Zn 含量对合成的铁氧体的饱和磁性（M_s）和矫顽力（H_c）的影响
的关系（Fe/（Mn+Zn）摩尔比为 2∶1，1300℃，1h）
（a）合成样品的室温磁滞回线；（b）合成样品的室温磁滞回线的局部放大图；
（c）合成的 $Mn_{1-x}Zn_xFe_2O_4$ 的 M_s 和 H_c 值

料中合成的铁氧体磁性比较列于表 6-2。图 6-5 所示为不同原料合成的铁氧体磁滞回线图。明显地，由图 6-5 可知，从钒渣中制备的铁氧体 $Mn_{0.8}Zn_{0.2}Fe_2O_4$ 比其他原料中得到的表现了更好的磁性。从钒渣浸出液中制备的铁氧体材料磁性能好的原因：与表 6-2 中的 2 和 3 相比主要是由于制备方法不同，笔者课题组中使用的为固相合成法，表 6-2 中的 2 和 3 合成锰锌铁氧体的制备方法为水热法；与表 6-2 中 4 相比主要是由于制备的铁氧体类型的不同，表 6-2 中 4 制备的为低饱和磁性的镁铁氧体；与表 6-2 中的 5 相比主要是由于锰锌比不同；与表 6-2 中的 6 相比主要是由于制备的方法不同，表 6-2 中的 6 合成锰锌铁氧体采用的是溶胶-凝胶法；表 6-2 中的 7 饱和磁性高是由于经过了后期的退火处理，提高了饱和磁性。

表 6-2　文中合成的铁氧体和文献中报道的磁滞回线的比较

样品	铁氧体	饱和磁性/emu·g^{-1}	矫顽力 H_c/Oe	材料
1	$Mn_{0.8}Zn_{0.2}Fe_2O_4$	68.6	3.3	钒渣
2	Mn-Zn 铁氧体	25	—	碱性电池
3	Mn-Zn 铁氧体	58.8	—	干电池

样品	铁氧体	饱和磁性/emu·g^{-1}	矫顽力 H_c/Oe	材料
4	低饱和磁性的镁铁氧体	43.2	60	处理过的红土矿
5	$Mn_{0.41}Zn_{0.59}Fe_2O_4$	36	42.48	分析纯试剂
6	$Mn_{0.8}Zn_{0.2}Fe_2O_4$	52.9	—	分析纯试剂
7	$MnFe_2O_4$	80	—	分析纯试剂

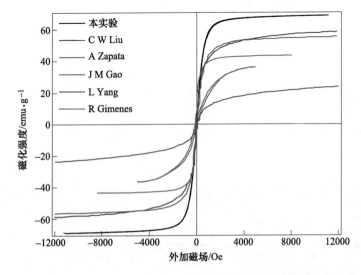

扫一扫看更清楚

图 6-5　文献报道中的磁滞回线和文中合成的铁氧体磁滞回线的比较

6.1.3　焙烧温度对锰锌铁氧体物相和形貌影响

锰锌铁氧体为 AB_2O_4 结构，Mn 和 Zn 占据 A 位，且都为 2 价。但是得到的含铁、锰和锌的沉淀中锰是以 Mn^{4+}、Mn^{3+} 和 Mn^{2+} 形成存在。样品在空气条件下加热。因此，氧分压为 0.21atm。温度对锰氧化物反应吉布斯自由能变化影响如图 6-6 所示。从图中可以看到，随着温度的增加，锰氧化物的反应吉布斯自由能在降低。在 925℃，Mn^{4+} 和 Mn^{3+} 完全还原为 Mn^{2+}。因此，增加温度，有利于锰氧化物的分解。

文献中报道了在高温下（大于 900℃）磁性离子和非磁性离子有足够的能量从铁氧体晶格中一个位置移动到另一个位置。因此，固相烧结法制备铁氧体的温度通常大于 900℃。在实验中，实验温度为 1000℃、1150℃ 和 1300℃。图 6-7 所

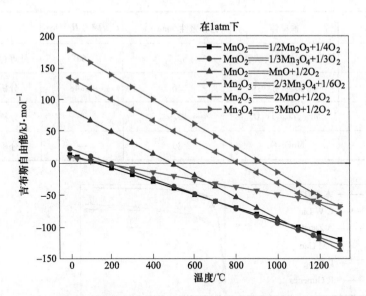

图 6-6　随着温度变化锰氧化物吉布斯自由能的变化

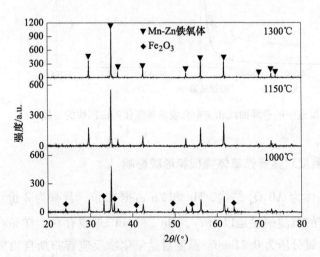

图 6-7　不同温度下合成的样品的 XRD 图谱

（Fe/（Mn+Zn）摩尔比为 2，1h）

示为不同温度下合成的铁氧体的 XRD 图谱。在 1000℃ 时，物相为 Fe_2O_3 和锰锌铁氧体。它意味着铁氧体在 1000℃ 条件下可以形成。由于 Mn^{3+} 比 Fe^{3+} 占据 B 位的能力强，因此，Fe_2O_3 的出现可以通过下面的方程式（6-4）解释：

$$\frac{0.8}{3}(Mn_3O_4) + Fe_2O_3 + 0.2ZnO \longrightarrow$$

$$(Zn_{0.2}, Mn_{0.8-2x})(Mn_x, Fe_{1-x})_2O_4 + \frac{x}{2}Fe_2O_3 \tag{6-4}$$

在 1150℃时，Fe_2O_3 的峰完全消失，得到一个单晶锰锌铁氧体。随着温度升高到 1300℃，从 XRD 图谱上可以看出，单晶相的锰锌铁氧体的衍射峰强度增强。因此，焙烧温度对锰锌铁氧体的物相有重大影响。

铁氧体的微观形貌对铁氧体的磁性有重大影响。铁氧体理论上需要有低的孔隙度。图 6-8 所示为不同焙烧温度下合成样品的 SEM 图。从图 6-8 中可以看到，随着温度的增加，可以提高合成铁氧体的密度。因此，最佳焙烧温度为 1300℃。

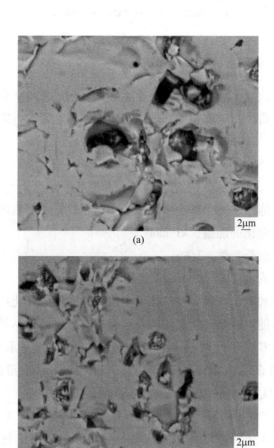

(a)

(b)

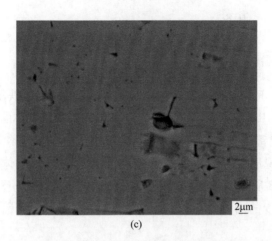

(c)

图 6-8　合成的锰锌铁氧体经过抛光处理后的 SEM 图谱

(a) 1000℃；(b) 1150℃；(c) 1300℃

6.1.4　温度对铁氧体的直流电阻率影响

直流电阻率是铁氧体功率损耗另一个重要的性质。图 6-9 所示为温度对直流电阻率的影响变化曲线，随着温度降低，电阻率增加。直流电阻率和温度的关系可以表征为：

$$\ln\rho = \ln\rho_0 + \frac{E_\rho}{kT} \tag{6-5}$$

式中　E_ρ——活化能，从一个离子中释放一个电子跳跃到邻近的离子中，引起电阻率变化的能量，kJ/mol；

　　　　k——玻耳兹曼常数，J/K；

　　　　ρ_0——指前系数。

由于自旋排序和电子散射，铁氧体的电阻率随温度的变化曲线明显分成了两段。铁氧体电阻率随温度变化相似的特点已经有文献报道。从第一段过渡到第二段的温度为 151.1℃。通过对第一个段的外推可以得到室温 25℃ 下，合成的 $Mn_{0.8}Zn_{0.2}Fe_2O_4$ 的直流电阻率为 1230.7Ω·m，比文献报道的钙和硅掺杂的 $Mn_{0.725}Zn_{0.213}Fe_{2.062}O_4$ 电阻率 21.6Ω·m 大 60 倍。

少量的杂质元素 Ca 和 Si 可以大大提高铁氧体的电阻率。钒渣中含有 2.38% CaO。在使用 NH_4Cl 选择性氯化钒渣中铁和锰时，钒渣中的钙也可以被氯化为 $CaCl_2$。在沉淀 Fe、Mn 和 Zn 时，Ca 可以被沉淀，虽然在 XRD 中检测不到第二相的存在，但是合成的锰锌铁氧体是含有钙的。在合成的锰锌铁氧体中 CaO 和

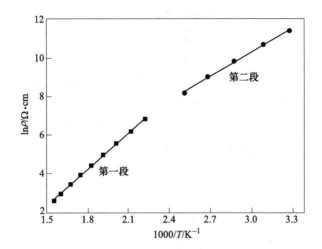

图 6-9 温度对直流电阻率的影响（$Mn_{0.8}Zn_{0.2}Fe_2O_4$，1300℃，1h）

SiO_2 的百分含量分别为 1.248% 和 1.181%。少量的杂质 CaO 和 SiO_2 可以作为第二相分布在颗粒边界处作为绝缘层，大大地增加 $Mn_{0.8}Zn_{0.2}Fe_2O_4$ 电阻率。

6.2 熔盐电解分离铁锰

钢铁工业产生大量的 CO_2，为了减少 CO_2 的释放，很多学者提出了熔盐电解法生产铁，在早期，研究从 $NaCl-KCl-FeCl_2$ 熔盐体系电解生产铁，之后提出 Fe_2O_3 溶解在氯化物或者氟化物中进行电解生产铁，同时，研究发现 $AlCl_3$ 可以增加铁的溶解度。对于 Fe^{2+} 在熔盐中的电化学行为，研究主要是集中在 LiCl-KCl、$MgCl_2$-NaCl-KCl、$CaCl_2$-CaF_2 和 $ZnCl_2$-NaCl 熔盐体系。对于 Fe^{3+} 在熔盐 LiCl-KCl-NaCl 体系的电化学行为已有研究。同时，关于 Mn^{2+} 在 NaCl-KCl 的电化学行为也有研究。第 4 章已经研究了钒渣中的铁和锰经过 NH_4Cl 氯化之后得到了 $FeCl_2$ 和 $MnCl_2$。关于 $NaCl-KCl-FeCl_2-MnCl_2$ 和 $NaCl-KCl-FeCl_3-MnCl_2$ 体系的电化学行为未见报道，但是 Fe 和 Mn 在 NaCl-KCl 体系的电化学行为对于理解电解分离 Fe 和 Mn 有非常重要的作用。本节重点研究 Fe^{2+}、Fe^{3+} 和 Mn^{2+} 在 $NaCl-KCl-MnCl_2$ 熔盐体系的电化学行为，电解电压对铁和锰分离的影响。

6.2.1 $MnCl_2$ 在 NaCl-KCl 熔盐中的电解及其机理

6.2.1.1 Mn^{2+} 在 NaCl-KCl 熔盐体系中的电化学行为

图 6-10（a）中的虚线为扫描速度为 200mV/s，NaCl-KCl 熔盐的电化学循环

伏安曲线图，即相对于本实验中制备的 Ag/AgCl 参比电极在 NaCl-KCl 熔盐体系中的电化学窗口，从图中虚线可以看出从 0 到-1.8V 没有出现氧化还原峰，在-1.8V 到-2.4V 出现了一对氧化还原峰，在-1.8V 向负方向-2.4V 扫描时，出现了一个还原峰，这个峰是钠离子还原为金属钠的还原峰，在从-2.4V 向正方向扫描时，出现了一个氧化峰，这个峰是金属钠氧化为钠离子的氧化峰，在 0 到-2.4V 之间除了钠离子的氧化还原峰没有其他氧化还原峰，可以看出 NaCl 和 KCl 熔盐纯度是非常高的，说明参比电极制作也是非常成功的。

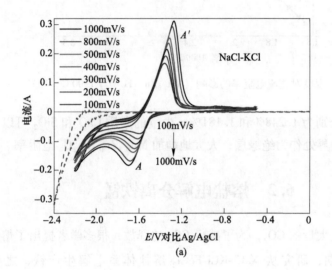

扫一扫看更清楚

(a)

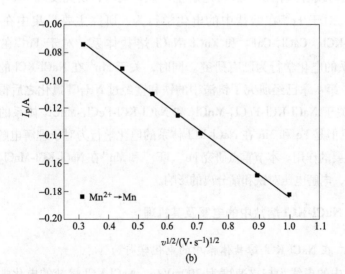

(b)

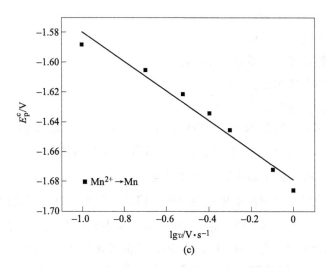

图 6-10　NaCl-KCl-MnCl$_2$ 熔盐体系的循环伏安曲线

(a) 800℃，钨工作电极上，不同扫描速度下，MnCl$_2$(1.09%)-NaCl-KCl 熔盐体系的循环伏安曲线；
(b) 阴极峰电流随着扫描速度平方根的变化；(c) 阴极峰电压随着扫描速度对数的变化

图 6-10 (a) 所示为 800℃，不同扫描速度下，钨电极上得到的 NaCl-KCl-MnCl$_2$ 熔盐体系的循环伏安曲线。当扫描电压从 −0.5V 向负方向扫描时，出现了阴极峰 (A)。阴极峰 (A) 为 Mn^{2+}在钨电极上的还原峰。同时从图 6-10 (a) 可以看出，随着扫描速度增加，阴极峰 (A) 电流显著增加，阴极峰 (A) 电位明显的向负方向移动。

从图 6-10 (b) 中可以看出，阴极峰电流与扫描速度的平方根呈线性关系，随着扫描速度的平方根增加，峰电流增加。这就表明了，Mn^{2+}在钨电极上还原过程是受 Mn^{2+}在熔盐中的扩散控制。图 6-10 (c) 所示为阴极峰电压随着扫描速度对数变化图。随着扫描速度增加，阴极峰电压向负方向移动。同时，阴极峰电压与扫描速度对数呈线性关系。更重要的是，从图 6-10 (a) 中可以清楚地看到阴极还原峰和阳极氧化峰。因此，锰离子的还原是似可逆的过程。

当产物不可溶时，扩散系数可以计算为：

$$I_p = 0.61\, n^{3/2}\, F^{3/2} A\, (RT)^{-1/2}\, D^{1/2}\, C_0\, v^{1/2} \tag{6-6}$$

式中　I_p——峰电流，A；

　　　n——电子转移数，mol；

　　　F——法拉第常数，96480C/mol；

　　　A——钨工作电极在熔盐中的表面积，cm^2；

R——理想气体常数，$J/(mol \cdot K)$；

T——实验温度，K；

D——锰离子扩散系数，cm^2/s；

C_0——Mn^{2+} 的浓度，mol；

v——扫描速度，V/s。

通过式（6-6）计算得到，800℃，Mn^{2+} 在 NaCl-KCl 熔盐中的扩散系数为 $4.76 \times 10^{-5} cm^2/s$。与文献中报道的 $4.13 \times 10^{-5} cm^2/s$ 数值接近。

6.2.1.2　Mn^{2+} 在 NaCl-KCl 熔盐中的电解

$MnCl_2$ 的电解是通过两电极进行电解，钨丝为阴极，石墨棒为阳极，电解电压为 3V。图 6-11 所示为 800℃熔盐电解中电流随着时间变化曲线图。由图可知，当在两电极间施加 3V 电压时，0.2min 内，电流迅速从 4.99A 降低到 2.08A，这可以归于熔盐电解槽达到平衡。随着时间增加到 8min，电流从 2.08A 增加到 2.48A，这可能由于反应面积增大。由于锰离子浓度的降低，随着时间增加到 90min，电流从 2.48A 降低到了 0.39A。随着时间增加到 114min，电流降低到 0.3A，电解逐渐趋于平衡。

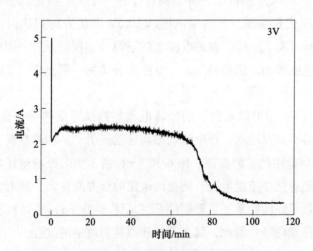

图 6-11　在熔盐电解过程中电流随着时间变化曲线

（NaCl-KCl-MnCl$_2$(7.1%)，800℃）

图 6-12 所示为电解产品的 XRD 图谱，由图可知只有锰的衍射峰，无杂质的衍射峰，因此，电解得到了单质锰。图 6-13 所示为电解得到的单质锰的 SEM 图，锰是以颗粒状存在。同时，通过 EDS 分析了单质锰的化学组成，得到了 Mn 和 O 的质量分数分别为 99.46% 和 0.54%。从 EDS 分析中，也可证明电解产品为单质

锰。因此，通过恒电压电解得到了金属锰。

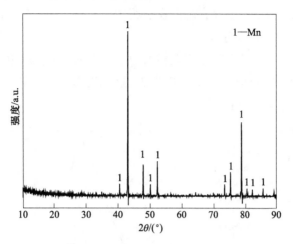

图 6-12 电解产品的 XRD 图谱

（NaCl-KCl-MnCl$_2$（7.1%），800℃）

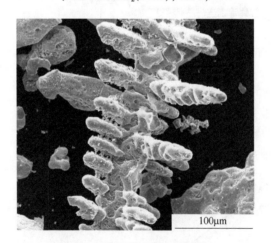

图 6-13 沉积产品的 SEM 图谱

（NaCl-KCl-MnCl$_2$（7.1%），800℃）

6.2.2 FeCl$_2$ 在 NaCl-KCl 熔盐中的电解及其机理

6.2.2.1 Fe^{2+} 在 NaCl-KCl 熔盐体系中的电化学行为

为了揭示 Fe^{2+} 在熔盐中的还原机理，使用循环伏安法研究了 NaCl-KCl-FeCl$_2$ 熔盐体系的电化学行为。图 6-14（a）所示为 800℃，不同扫描速度下，钨电极上得到的 NaCl-KCl-FeCl$_2$ 熔盐体系的循环伏安曲线图。由图 6-14 可知，扫描电压从 -0.1V 向负方向扫描时，出现了一个还原峰（A）。随着扫描速度增加，还原峰电流显著增加，还原峰电位向负方向移动。峰 A' 和峰 A 为一对氧化还原峰。峰 B 可能是 NaCl-KCl-FeCl$_2$ 熔盐在电沉积过程中形成的 Fe-W 合金，合金有一定的自由能，与纯铁的氧化峰有区别。

从图 6-14（b）中可以看出，阴极峰电流与扫描速度的平方根呈线性关系，随着扫描速度的平方根增加，峰电流增加。这就表明了 Fe^{2+} 在钨电极上还原过程是受 Fe^{2+} 在熔盐中的扩散控制。

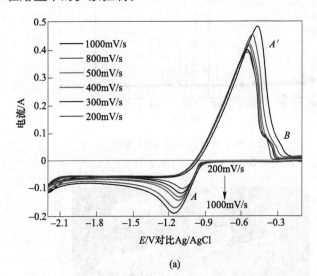

扫一扫看更清楚

(a)

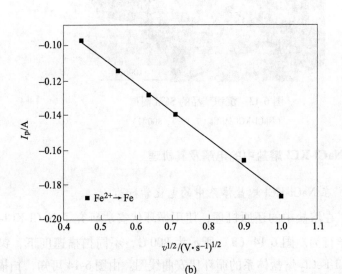

(b)

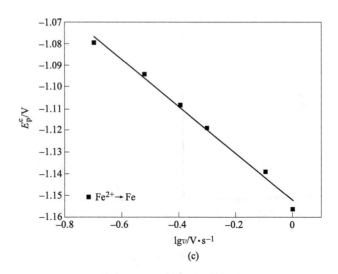

(c)

图 6-14　钨电极上得到的 NaCl-KCl-FeCl$_2$ 熔盐体系的循环伏安曲线

(a) 800℃，钨电极上，不同扫描速度下，FeCl$_2$(1.09%)-NaCl-KCl 熔盐体系的循环伏安曲线；

(b) 阴极峰电流随着扫描速度平方根的变化；(c) 阴极峰电压随着扫描速度对数的变化

图 6-14（c）所示为阴极峰电压随着扫描速度对数变化图。随着扫描速度增加，阴极峰电压向负方向移动。同时，阴极峰电压与扫描速度对数呈线性关系。更重要的是，从图 6-14（a）中可以清楚地看到阴极还原峰和阳极氧化峰。因此，铁离子的还原是似可逆的过程。通过式（6-6）计算得到，800℃，Fe^{2+} 在 NaCl-KCl 熔盐中的扩散系数为 $4.64×10^{-5}\,cm^2/s$。Khalaghi 等人通过循环伏安得到了 500℃，Fe^{2+} 在 LiCl+KCl+NaCl 体系中扩散系数为 $1.4×10^{-5}\,cm^2/s$。由于温度对扩散系数的影响非常大，本实验中的温度为 800℃，因此得到的扩散系数比文献中报道的高。

6.2.2.2　Fe^{2+} 在 NaCl-KCl 熔盐体系中电解

FeCl$_2$ 的电解是通过两电极进行电解，钨丝为阴极，石墨棒为阳极，电解电压为 2.3V，电解温度为 800℃，电解时间 120min。图 6-15 所示为电解产品的 XRD 图谱，由图 6-15 可知只有铁的衍射峰，无杂质的衍射峰，因此，通过电解得到了单质铁。图 6-16 所示为电解得到的单质铁的 SEM 图谱，由图 6-16 可知，铁以两种形态存在，一种是颗粒状，另一种是棒状。同时，通过 EDS 分析了单质铁的化学组成，得到了 Fe 和 O 的质量分数分别为 98.07% 和 1.93%，这部分氧是由于沉积产品从熔盐中取出后，在后期的水洗烘干过程中铁被氧化造成的。从 EDS 分析中，也可证明电解产品为单质铁。

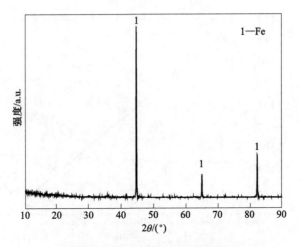

图 6-15 电解产品的 XRD 图谱

（NaCl-KCl-FeCl$_2$(1.63%)，800℃）

图 6-16 电解产品的 SEM 图谱

（NaCl-KCl-FeCl$_2$(1.63%)，800℃）

6.2.3 FeCl$_2$ 和 MnCl$_2$ 在 NaCl-KCl 熔盐中的电化学行为

6.2.3.1 Fe^{2+}和 Mn^{2+}在 NaCl-KCl-FeCl$_2$-MnCl$_2$ 体系中的电化学行为

图 6-17（a）所示为 800℃，扫描速度为 50mV/s，钨电极上得到的 NaCl-KCl-FeCl$_2$-MnCl$_2$ 熔盐体系的循环伏安曲线。由图可知有两个还原峰（A 和 B）。为了明确两个还原峰的相对位置，使用方波伏安研究了 Fe^{2+}和 Mn^{2+}在 NaCl-KCl-FeCl$_2$-MnCl$_2$ 体系中的电化学行为。图 6-17（b）所示为脉冲高度：30mV；电位步长：

3mV；扫描速度为0.4V/s；NaCl-KCl-FeCl$_2$(2.13%)-MnCl$_2$(1.07%) 体系中钨电极上的方波图。由图6-17（b）中可以看出，在-1.079V 和-1.522V 出现了两个还原信号峰（A 和 B）。从图6-14（a）中可以看出，在扫描速度为0.4V/s 时，FeCl$_2$ 的还原峰电位为-1.11V。同时，从图6-10（a）中可以看出，在扫描速度为0.4V/s 时，MnCl$_2$ 的还原峰电位为-1.64V。在加入 MnCl$_2$ 之后，FeCl$_2$ 的阴极还原峰比没有加入 MnCl$_2$ 时的阴极还原峰更正。同样地，在加入 FeCl$_2$ 之后，MnCl$_2$ 的阴极还原峰比没有加入 FeCl$_2$ 时的阴极还原峰更正。由于沉积的金属离子（Fe^{2+}/Mn^{2+}）的活度增加，导致了峰电压位正移。

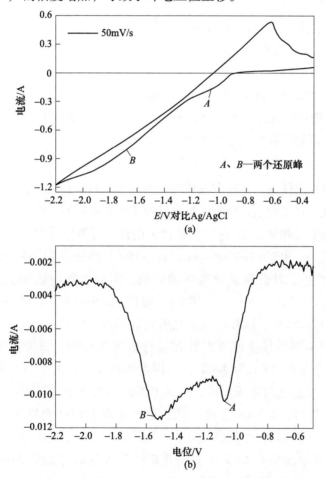

图6-17 钨电极上得到的 NaCl-KCl-FeCl$_2$-MnCl$_2$ 熔盐体系的循环伏安曲线

（a）800℃，钨电极上，扫描速度为50mV/s，NaCl-KCl-FeCl$_2$(2.13%)-MnCl$_2$(1.07%) 的循环伏安曲线；（b）脉冲高度：30mV；电位步长：3mV；扫描速度为0.4V/s；NaCl-KCl-FeCl$_2$(2.13%)-MnCl$_2$(1.07%)的体系中钨电极上的方波图

铁和锰理论分离率（%）：

$$铁的分离率 = 1 - \frac{c_终}{c_始} \tag{6-7}$$

式中　$c_始$，$c_终$——分别为熔盐中的铁离子电解分离前和分离后的浓度。

通过熔盐中离子的电位差可以计算分离率：

$$\Delta E = E_始 - E_终 = \frac{RT}{nF}\ln\frac{c_始}{c_终} \tag{6-8}$$

式中　T——温度，K；

　　　R——理想气体常数，J/(mol·K)；

　　　n——电子转移数，mol；

　　　F——法拉第常数，C/mol。

根据方波伏安测定的 $FeCl_2$ 和 $MnCl_2$ 的还原电位，$\Delta E = 0.443V$，转移电子数为 2，因此，铁和锰的分离率为 99.993%。从上面的计算可以知道，通过熔盐电解法是可以实现铁和锰的有效分离的。

6.2.3.2　电解电压对 $FeCl_2$ 和 $MnCl_2$ 分离率的影响

前面三电极条件下，使用方波伏安和循环伏安对铁和锰在熔盐中的电化学行为进行了研究。在工业上，熔盐电解是通过两电极进行的，因此，本实验通过两电极恒电压电解铁和锰。在 800℃，钨丝为阴极，石墨棒为阳极，两电极恒电压条件下，研究 Fe^{2+} 和 Mn^{2+} 在 $NaCl$-KCl-$FeCl_2$-$MnCl_2$ 熔盐体系中的分离率。本实验研究不同电解电压对铁和锰分离率的影响。实验过程中选用的熔盐成分为：$NaCl$-KCl-$FeCl_2$(2.13%)-$MnCl_2$(1.07%)，根据 FactSage 6.4 计算该成分下 $MnCl_2$ 的分解电压为 2.255V，$FeCl_2$ 的分解电压为 1.530V。因此，为了实现铁和锰的有效分离，研究不同电压条件下对铁和锰分离率的影响，选择电解电压为 2V、2.3V 和 3V。图 6-18 所示为 800℃，不同电解电压下，电流与时间曲线图。由图 6-18 可知，虽然电解电压不同，但是电解得到的电流时间曲线是相似的。当电解电压为 3V 时，0.2min 之内，可能是由于电解槽达到平衡，电流迅速从 1.96A 降到 0.5A。随着时间从 0.2min 增加到 7min，由于钨电极表面积增加，导致电流从 0.5A 增加到了 3.09A。随着电解时间从 7min 增加到 54min，由于 Fe^{2+} 的浓度降低，导致了电流降低到了 0.27A。电解时间在 54min 到 115min，电流降低到了 0.2A。当电解电压为 2.3V 时，0.2min 之内，可能是由于电解槽达到平衡，电流迅速降到 0.5A。随着时间从 0.2min 增加到 20min，可能由于钨电极表面积增加，导致电流从 0.5A 增加到了 1.96A。随着电解时间从 20min 增加到

54min，由于 Fe^{2+} 的浓度降低，导致了电流降低到了 0.27A。电解时间在 54min 到 78min，电流降低到了 0.2A。当电解电压为 2V 时，0.2min 之内，可能是由于电解槽达到平衡，电流迅速降到 0.5A。随着时间从 0.2min 增加到 23min，可能由于钨电极表面积增加，导致电流从 0.5A 增加到了 1.27A。随着电解时间从 23min 增加到 80min，由于 Fe^{2+} 的浓度降低，导致了电流降低到了 0.07A。电解时间在 80min 到 135min，电流降低到了 0.01A。从图 6-18 可以看出，随着电压从 2V 增加到 3V，电流与时间形成的面积是逐渐增加的，3V 时，电流与时间形成的面积是最大的。电流与时间形成的面积大小代表了电解过程中用电量的多少。因此，随着电解电压从 2V 增加到 3V，铁和锰的沉积含量增加。

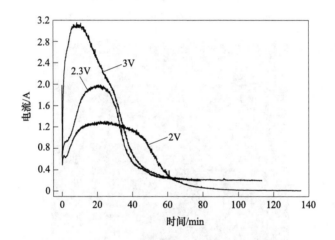

图 6-18　在熔盐电解过程中，电流随着时间变化曲线
（ NaCl-KCl-$FeCl_2$（2.13%）-$MnCl_2$（1.07%），800℃ ）

　　图 6-19 所示为不同电压下，电解得到的产品的 XRD 图谱。在 2.3V 和 2V 时，沉积产品为铁。它意味着在 2V 和 2.3V 时，主要是铁被电解出来。电解电压为 3V 时，电解产品的 XRD 图谱中除了铁的峰又出现了锰的峰，表明铁和锰都被电解出来了。

　　图 6-20 所示为沉积产品的 SEM 图谱，电解产品表现了两种不同形貌的晶体；立方形和树枝状的颗粒。通过 ICP-AES 测定了 Fe-Mn 产品的元素含量。2V、2.3V 和 3V 条件下沉积产品的 Fe/Mn 质量比分别为 396.5、16 和 3.9。根据 FactSage 6.4 计算得到 $MnCl_2$ 的分解电压为 2.255V，实验选择电解电压为 2.3V 时，熔盐中的 Mn^{2+} 也会沉积为金属 Mn。

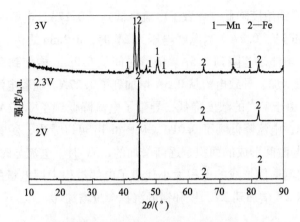

图 6-19 沉积产品的 XRD 图谱

(NaCl-KCl-FeCl$_2$(2.13%)-MnCl$_2$(1.07%)，800℃)

(c)

图 6-20 不同电压下电解得到的产品的 SEM 图谱

(a) 2V；(b) 2.3V；(c) 3V

在 NaCl-KCl-FeCl$_2$-MnCl$_2$ 熔盐体系，2.3V 电解之后，钨电极从熔盐中取出，高于熔盐 5cm。另一个钨电极作为阴极插入熔盐中，继续 3V 条件下进行电解。图 6-21 所示为电流随着时间变化曲线。当电解电压为 3V 时，0.2min 之内，可能是由于电解槽达到平衡，电流迅速从 0.55A 降到 0.10A。随着时间从 0.2min 增加到 81min，可能由于钨电极表面积增加，导致电流从 0.10A 增加到了 0.16A。随着电解时间从 81min 增加到 186min，由于 Fe^{2+} 和 Mn^{2+} 的浓度降低，导致了电流降低到了 0.09A。图 6-22 所示为沉积产品的 XRD 图谱，沉积产品为金属锰。图 6-23 所示为沉积产品的 SEM 图谱，铁锰产品形貌为不规则的颗粒。用 ICP-AES 测定沉积产品中元素含量。富锰相 Mn/Fe 的质量比为 36.4。同时对 NaCl-KCl-FeCl$_2$(2.13%)-MnCl$_2$(2.13%) 熔盐体系 2V 电解后，继续 3V 条件下进行电解，富锰相沉积产品的 Mn/Fe 质量比为 5。综合考虑，虽然 2V 条件下相比 2.3V 条件下的电解，可以实现沉积产品富铁相中锰含量非常低，但是电解得到的富锰相中铁含量非常高。因此，最佳的电解工艺为：第一次电解电压为 2.3V，继续 3V 条件下电解。通过磁性分离得到的产品，磁性产品和非磁性产品 Mn/Fe 质量比为 0.08 和 28.41。明显熔盐电解法在分离铁锰上效果更好。

熔盐电解过程中铁离子的沉积反应为：

$$Fe^{2+} + 2e = Fe \tag{6-9}$$

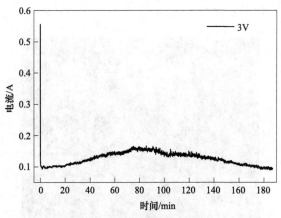

图 6-21　电流随着时间的变化

（$MnCl_2$-$FeCl_2$-NaCl-KCl，800℃）

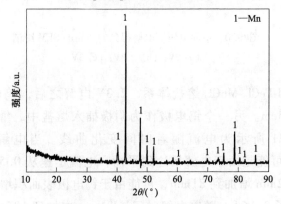

图 6-22　沉积产品的 XRD 图谱

（$MnCl_2$-$FeCl_2$-NaCl-KCl，800℃）

图 6-23　沉积产品的 SEM 图谱

（$MnCl_2$-$FeCl_2$-NaCl-KCl，800℃）

根据能斯特方程得到下面的关系式：

$$E = E^{\ominus} + \frac{RT}{nF}\ln\frac{a_{Fe^{2+}}}{a_{Fe}} \tag{6-10}$$

式中　$a_{Fe^{2+}}$——熔盐中铁离子的活度；

　　　a_{Fe}——电沉积得到的金属铁的活度。

由式（6-10）可以看出，增加熔盐中铁离子的浓度可以使铁的析出电位变得比平衡电位更正，实验中从钒渣中得到的铁和锰的摩尔比为 4.8 左右，现在实验中铁离子和锰离子的摩尔比为 1.98，钒渣中的铁的浓度要比现在的浓度高，因此，理论上更容易实现钒渣中铁和锰的有效分离。

6.2.4 电解电压对 $FeCl_3$ 和 $MnCl_2$ 分离率的影响

图 6-24 所示为 800℃，不同电解电压下得到电解电流随着电解时间的变化曲线。当电解电压为 2V 时，0.2min 之内，可能是由于电解槽达到平衡，电流迅速从 1.60A 降到 0.09A。随着时间从 0.2min 增加到 8min，可能由于钨电极表面积增加，导致电流从 0.09A 增加到了 1.04A。随着电解时间从 8min 增加到 85min，由于 Fe^{3+} 的浓度降低，导致了电流降低到了 0.09A。电解时间在 85min 到 125min，电流降低到了 0.02A。当电解电压为 2.3V 时，0.2min 之内，可能是由

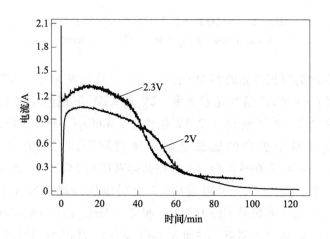

图 6-24　电流随着时间的变化

（$MnCl_2$(1.06%)-$FeCl_3$(2.69%)-NaCl-KCl，800℃）

于电解槽达到平衡，电流迅速从 2.05A 降到 1.11A。随着时间增加到 13min，可能由于钨电极表面积增加，导致电流从 1.11A 增加到了 1.30A。随着电解时间从 13min 增加到 60min，由于 Fe^{3+} 的浓度降低，导致了电流降低到了 0.27A。电解时间在 60min 到 95min，电流降低到了 0.16A。

　　图 6-25 所示为不同电压下，电解得到的产品的 XRD 图谱。在 2V 时，沉积产品为铁。它意味着在 2V 时，主要是铁被电解出来。电解电压为 2.3V 时，电解产品的 XRD 图谱中除了铁的峰同时出现锰的峰，表明铁和锰都被电解出来了。

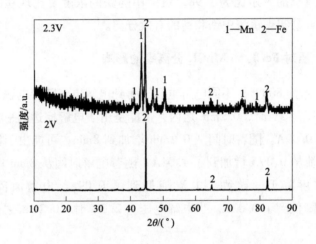

图 6-25　不同电压电解下沉积产品的 XRD 图谱

（$MnCl_2$(1.06%)-$FeCl_3$(2.69%)-NaCl-KCl, 800℃）

　　图 6-26 所示为沉积产品的 SEM 图谱，电解产品表现为树枝状的颗粒。通过 ICP-AES 测定了 Fe-Mn 产品的元素含量。2V 和 2.3V 沉积产品的 Fe/Mn 质量比分别为 687 和 3.2。为了解释在 2.3V 条件下，$MnCl_2$(1.06%)-$FeCl_3$(2.69%)-NaCl-KCl 熔盐体系中更多的锰被电解出来的原因，使用方波伏安研究了 $MnCl_2$(1.06%)-$FeCl_3$(2.69%)-NaCl-KCl 熔盐体系在 800℃，Fe^{3+} 和 Mn^{2+} 在钨电极上的电化学行为。从图 6-27 可以看出，3 个阴极信号峰出现在了 -0.11V、-0.71V 和 -1.31V 处。阴极峰 C(-1.31V) 相应于 $MnCl_2$(1.06%)-$FeCl_3$(2.69%)-NaCl-KCl 熔盐体系 Mn^{2+} 的还原。与加入 $FeCl_3$ 相比，Mn^{2+} 的阴极峰比加入 $FeCl_2$ 后的阴极峰更正。因此，在相同的 2.3V 电解条件下，$MnCl_2$(1.06%)-$FeCl_3$(2.69%)-NaCl-KCl 体系比 NaCl-KCl-$FeCl_2$(2.13%)-$MnCl_2$(1.07%) 体系中更多的锰离子被电解。为了有效分离铁锰，因此，必须严格控制 3 价铁离子的含量。

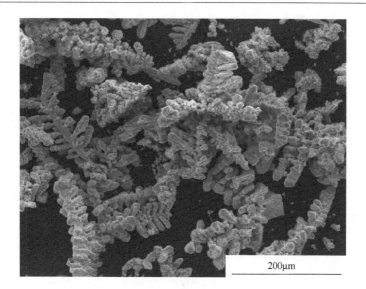

(a)

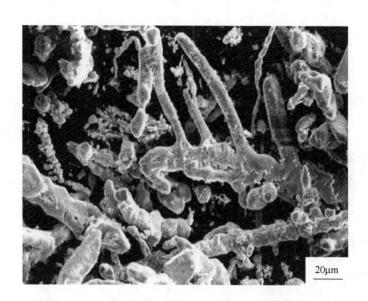

(b)

图 6-26 不同电压下，电解产品的 SEM 图谱

（a）2V；（b）2.3V

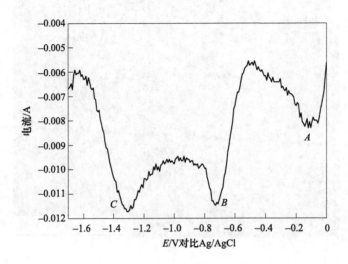

图 6-27　W 工作电极

（脉冲高度：30mV；电位步长：3mV；扫描速度为 0.4V/s；

MnCl₂（1.06%）-FeCl₃(2.69%)-NaCl-KCl 熔盐体系的方波伏安）

6.3　熔盐电解制备钒铬合金

钒渣中的钒和铬通过 AlCl₃ 氯化后变为相应的 VCl₃ 和 CrCl₃。为了实现钒铬的高值化，选择钒铬用于制备钒铬合金。传统的制备钒铬合金是通过电弧熔炼法，但是电弧熔炼法温度高、需要多次熔炼和能耗高。熔盐电解法可以实现元素的共沉积。本节重点研究 V 和 Cr 通过熔盐体系（NaCl-KCl-VCl₃-CrCl₃）的电解沉积得到钒铬合金。

6.3.1　单组元熔盐电解机理

6.3.1.1　VCl₃ 在 NaCl-KCl 熔盐中的电解机理

为了揭示 V^{3+} 在熔盐中的还原机理，循环伏安法研究了 NaCl-KCl-VCl₃ 熔盐体系的电化学行为。图 6-28（a）所示为 800℃，不同扫描速度下，钨电极上得到的 NaCl-KCl-VCl₃ 熔盐体系的循环伏安曲线图。由图可知，扫描电压从 -0.3V 向负方向扫描时，出现了两个还原峰（A 和 B）。因此，V^{3+} 还原到金属 V，由两步构成。同时，随着扫描速度增加，还原峰（A 和 B）电流显著增加，还原峰（A 和 B）电位向负方向移动。

从图 6-28（b）中可以看出，阴极峰电流与扫描速度的平方根呈线性关系，随着扫描速度的平方根增加，峰电流增加。这就表明了 V^{3+} 在钨电极上还原过程是受 V^{3+} 在熔盐中的扩散控制。

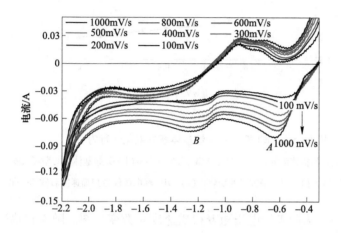

扫一扫看更清楚

(a)

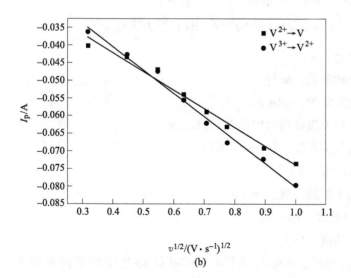

(b)

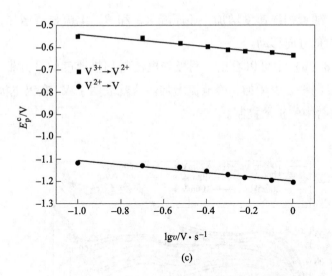

(c)

图 6-28　NaCl-KCl-VCl₃ 熔盐体系的电化学行为

(a) 800℃，钨电极上，扫描速度为 0.1~1V/s，VCl₃(1.58%)-NaCl-KCl 熔盐体系的循环伏安曲线；

(b) 阴极峰电流随着扫描速度平方根的变化；(c) 阴极峰电压随着扫描速度对数的变化

图 6-28（c）所示为阴极峰电压随着扫描速度对数变化图。随着扫描速度增加，阴极峰电压向负方向移动。同时，阴极峰电压与扫描速度对数呈线性关系。更重要的是，从图 6-28（a）中可以清楚地看到阴极还原峰和阳极氧化峰。因此，钒离子的还原是似可逆的过程。

当还原产物是可溶时，扩散系数可以计算为：

$$I_p = 0.4463\, n^{3/2}\, F^{3/2} A\, (RT)^{-1/2}\, D^{1/2}\, C_0\, v^{1/2} \tag{6-11}$$

式中　I_p——峰电流，A；

　　　n——电子转移数，mol；

　　　F——法拉第常数，C/mol；

　　　A——钨工作电极在熔盐中的表面积，cm²；

　　　R——理想气体常数，J/(mol·K)；

　　　T——实验温度，K；

　　　D——锰离子扩散系数，cm²/s；

　　　C_0——V^{3+} 的浓度，mol/L；

　　　v——扫描速度，V/s。

通过上式计算得到，800℃，V^{3+} 在 NaCl-KCl 熔盐中的扩散系数为 8.72×10^{-5} cm²/s。与文献中报道的 8.22×10^{-5} cm²/s 数值接近。

图 6-28 所示为脉冲高度：30mV；电位步长：3mV；扫描速度为 0.2V/s；NaCl-KCl-VCl$_3$(1.58%) 体系中钨电极上的方波图。从图 6-29 可以看出，两个阴极信号峰出现在 −0.3987V 和 −1.1222V。阴极峰的电子转移数可以计算得到：

$$W_{1/2} = 3.52RT/nF \qquad (6\text{-}12)$$

式中　$W_{1/2}$——半峰宽，min；

　　　R——气体常数，J/(K·mol)；

　　　T——绝对温度，K；

　　　F——法拉第常数，C/mol；

　　　n——电子转移数，mol。

计算得到峰 A 转移电子数为 0.9，峰 B 转移电子数为 1.7。因此，峰 A 和峰 B 分别对应于 V^{3+}/V^{2+} 和 V^{2+}/V。两个峰的转移电子数为 2.6，也说明了还原过程是似可逆的过程。

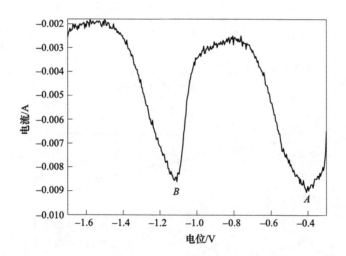

图 6-29　NaCl-KCl-VCl$_3$(1.64%) 熔盐的方波伏安图

（参比电极为 Ag/AgCl，工作电极为钨丝，脉冲高度：30mV；电位步长：3mV；扫描速度为 0.2V/s）

6.3.1.2　CrCl$_3$ 在 NaCl-KCl 熔盐体系中的电解和电化学行为

A　CrCl$_3$ 在 NaCl-KCl 熔盐体系中的电化学行为

图 6-30（a）所示为 NaCl-KCl-CrCl$_3$ 熔盐体系的循环伏安图，扫描电压从 0V 向负方向扫描，出现 3 个还原峰（A、B 和 C）。出现在循环伏安图上的还原峰 C

为形成的 Cr-W 峰。相似的结果文献中已经有报道。峰 A 和峰 B 为铬还原峰。随着扫描速度增加，阴极峰（A 和 B）电流增加，阴极峰（A 和 B）电位向负方向移动。

从图 6-30（b）中可以看出，阴极峰电流与扫描速度的平方根呈线性关系，随着扫描速度的平方根增加，峰电流增加。这就表明了 Cr^{3+} 在钨电极上还原过程是受 Cr^{3+} 在熔盐中的扩散控制。

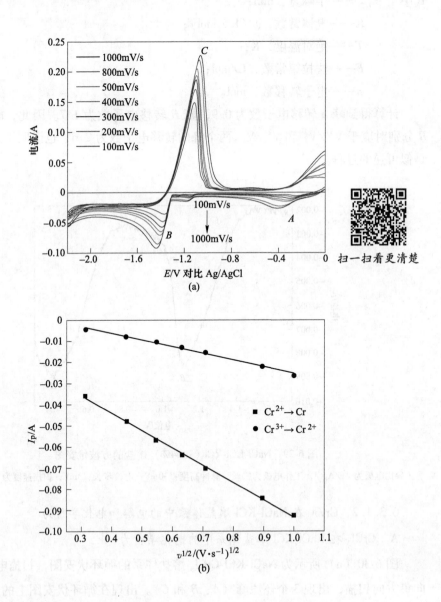

扫一扫看更清楚

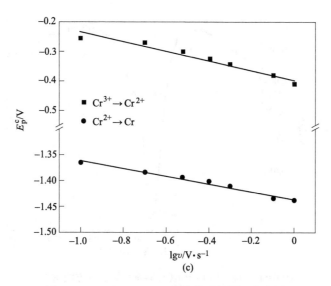

图 6-30　NaCl-KCl-CrCl$_3$ 熔盐体系的循环伏安图

(a) 800℃，钨电极上，扫描速度为 0.1～1V/s，CrCl$_3$(1.58%)-NaCl-KCl 熔盐体系的循环伏安曲线；

(b) 阴极峰电流随着扫描速度平方根的变化；(c) 阴极峰电压随着扫描速度对数的变化

图 6-30（c）所示为阴极峰电压随着扫描速度对数变化。随着扫描速度增加，阴极峰电压向负方向移动。同时，阴极峰电压与扫描速度对数呈线性关系。更重要的是，从图 6-30（a）中可以清楚地看到阴极还原峰和阳极氧化峰。因此，铬离子的还原是似可逆的过程。通过式（6-11）计算得到，800℃，Cr^{3+} 在 NaCl-KCl 熔盐中的扩散系数为 26.5×10^{-5} cm^2/s，比文献中报道的 6.5×10^{-5} cm^2/s 数值高。有文献中认为图 6-30（a）中的 C 峰为 Cr^{3+} 还原为 Cr^{2+} 的峰，对 C 峰进行的计算，同时文献中认为 A 峰为熔盐中氧化物杂质，但是并没有详细解释，前面已经介绍了 C 峰为 Cr-W，并且文献中已经有报道。

图 6-31 所示为脉冲高度：30mV；电位步长：3mV；扫描速度为 0.2V/s；NaCl-KCl-CrCl$_3$(1.58%) 体系中钨电极上的方波图。从图 6-31 可以看出，3 个阴极信号峰出现在 -0.3957V、-1.239V 和 -1.348V。峰 A 和峰 C 相应于 Cr^{3+}/Cr^{2+} 和 Cr^{2+}/Cr。

B　CrCl$_3$ 在 NaCl-KCl 熔盐中的电解

图 6-32 所示为 800℃，2.8V 条件下，熔盐电解过程中电流随着时间变化曲线图。由图 6-32 可知，当在两电极间施加 2.8V 电压时，0.2min 内，电流迅速从 3.17A 降低到 2.04A，这可以归于熔盐电解槽达到平衡。随着时间增加到 30min，电流从 2.04A 增加到 3.17A，这可能由于阴极实际反应表面积增大。电解时间在

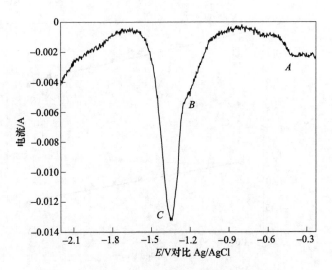

图 6-31　NaCl-KCl-CrCl₃(1.64%) 熔盐的方波伏安

（参比电极为 Ag/AgCl，工作电极为钨丝，脉冲高度：30mV；

电位步长：3mV；扫描速度为 0.2V/s）

30min 到 80min，电流变化不大。之后，由于钒离子浓度的降低，随着时间从 80min 增加到 105min，电流迅速降低到了 0.33A。随着时间增加到 166min，电流降低到 0.11A。

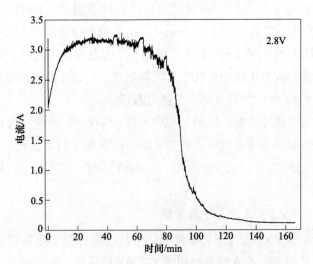

图 6-32　在熔盐电解过程中，电流随着时间变化曲线

（NaCl-KCl-CrCl₃(7.60%)，800℃）

图 6-33 所示为沉积产品的 XRD 图谱，从图谱中可以看出沉积产品为纯铬。与标准卡片（JCPDF No. 00-001-1250）相比，沉积产品的（200）衍射峰明显地高于标准卡片的衍射峰。这是由于电场条件下，金属铬的（200）面择优生长。

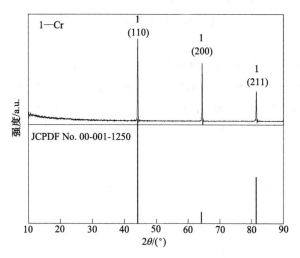

图 6-33　沉积产品的 XRD 图谱
（NaCl-KCl-CrCl$_3$(7.60%)，800℃，2.8V）

图 6-34 所示为电解得到的产品铬的 SEM 图，由图 6-34 可知电解得到的产品形貌为枝晶状。通过 LECO TCH600 测定了得到的产品铬的氧含量。产品铬的 Cr 和 O 的质量分数分别为 99.79% 和 0.21%。

图 6-34　沉积产品的 SEM 形貌图
（NaCl-KCl-CrCl$_3$(7.60%)，800℃，2.8V）

6.3.2 二组元（VCl_3-$CrCl_3$）熔盐共电解机理

6.3.2.1 VCl_3-$CrCl_3$-NaCl-KCl 熔盐体系的电化学行为

前面分别介绍了 VCl_3-NaCl-KCl 和 $CrCl_3$-NaCl-KCl 熔盐体系的电化学行为。实际电解的熔盐体系为 NaCl-KCl-VCl_3-$CrCl_3$ 四元体系。为了揭示四元体系的电化学行为，本实验通过方波伏安研究 NaCl-KCl-VCl_3-$CrCl_3$ 四元体系电化学行为。

图 6-35 所示为脉冲高度：30mV；电位步长：3mV；扫描速度为 0.2V/s；NaCl-KCl-$CrCl_3$(1.91%)-VCl_3(1.91%)体系中钨电极上的方波图。从图 6-35 可以看出，4 个阴极信号峰出现在 $-0.239V$、$-0.418V$、$-1.084V$ 和 $-1.323V$。峰 A、B、C 和 D 分别对应 Cr^{3+}/Cr^{2+}、V^{3+}/V^{2+}、V^{2+}/V 和 Cr^{2+}/Cr 4 个还原过程。

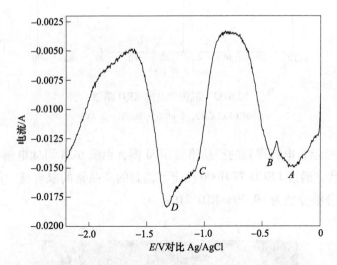

图 6-35 NaCl-KCl-$CrCl_3$(1.91%)-VCl_3(1.91%) 熔盐的方波伏安

（参比电极为 Ag/AgCl，工作电极为钨丝，脉冲高度：30mV；
电位步长：3mV；扫描速度为 0.2V/s）

6.3.2.2 VCl_3-$CrCl_3$-NaCl-KCl 熔盐电解

前面三电极条件下，使用方波伏安和循环伏安对在熔盐中的钒和铬电化学行为进行了研究。在工业上，熔盐的电解是通过两电极进行的，因此，本实验通过恒电压电解钒铬。通过 FactSage 6.4 计算 VCl_3 和 $CrCl_3$ 的标准吉布斯自由能随温度变化。根据能斯特方程，800℃，VCl_3 和 $CrCl_3$ 的理论分解电压分别为 1.18V

和 1.06V。由于电解过程中存在电化学极化和浓差极化，实际电解电压要比理论电解电压高。根据式（6-10）通过调整铁离子的浓度可以实现铁离子的电解电位的移动，同样的，通过控制 VCl_3 和 $CrCl_3$ 的浓度可以改变钒和铬的电沉积电位的移动，进一步实现钒和铬的共沉积。因此，研究了不同 $VCl_3/CrCl_3$ 质量比例对钒铬沉积的影响。

图 6-36 所示为 800℃，2.8V，不同 $VCl_3/CrCl_3$ 质量比下电解得到的沉积产品的 XRD 图谱。$VCl_3/CrCl_3$ 质量比为 2∶1 时，电解得到产品为 VCr 合金和 V_2O_3。$VCl_3/CrCl_3$ 质量比为 1∶6 时，电解得到产品为 Cr 合金和 V_2O_3。$VCl_3/CrCl_3$ 质量比为 1∶9 时，电解得到产品为金属 Cr。

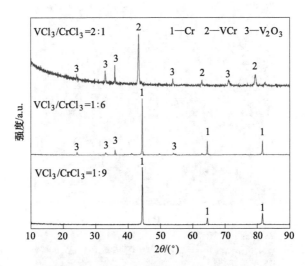

图 6-36 不同 $VCl_3/CrCl_3$ 质量比对沉积产品的 XRD 图谱的影响

（800℃，130min）

图 6-37 所示为不同 $VCl_3/CrCl_3$ 质量比得到的电解沉积产品的 SEM 图。表 6-3 所示为沉积产品的 EDS 分析。$VCl_3/CrCl_3$ 质量比为 2∶1 时，沉积产品的形貌为颗粒状的，根据 XRD 分析，颗粒 1 为 VCr 合金，颗粒 2 为金属 V 和 V_2O_3。$VCl_3/CrCl_3$ 质量比为 1∶6 和 1∶9 时，电解产品有两种形貌：颗粒状和絮状；与颗粒中的氧含量相比，絮状物中的氧含量明显增加。但是，两种形貌得到的物质都为金属铬。考虑到能谱分析产品中氧含量的不准确性，使用 LECO TCH600 分析了 $VCl_3/CrCl_3$ 质量比为 1∶9 的产品中的氧含量，产品中 V、Cr 和 O 的质量分数分别为 3.71%、94.28% 和 2.01%。

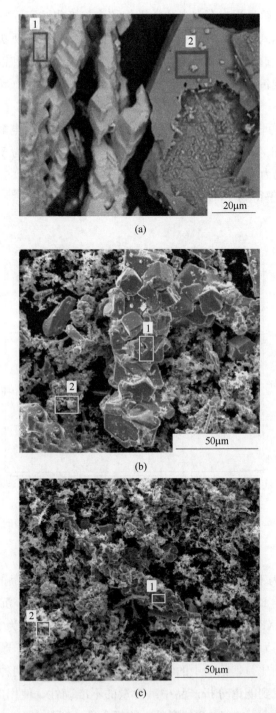

图 6-37　800℃，2.8V，130min，电解沉积得到产品的 SEM 图谱

(a) $VCl_3/CrCl_3$ 质量比为 2∶1；(b) $VCl_3/CrCl_3$ 质量比为 1∶6；(c) $VCl_3/CrCl_3$ 质量比为 1∶9

表 6-3 不同 $VCl_3/CrCl_3$ 质量比得到的沉积产品的 EDS 分析

（质量分数/%）

样品	沉积产品的 EDS 分析		
	V	Cr	O
(a)-1	50.79	45.43	3.78
(a)-2	88.61	0	11.39
(b)-1	3.93	95.10	0.97
(b)-2	8.66	85.24	6.10
(c)-1	3.68	93.42	2.90
(c)-2	4.79	90.08	5.13

关于电解产品中高氧含量的来源进行了分析。由于 VCl_3 有很强的吸水性，因此，在称量含 VCl_3 的样品和放样品进入加热炉的过程中，VCl_3 不可避免地吸收空气中的水分。在加热样品的过程中，吸水后的 VCl_3 与 H_2O 反应形成 $VOCl$ 和 HCl。使用 HSC chemistry 6.0 计算了 VCl_3 与 H_2O 反应随温度标准吉布斯自由能的变化。图 6-38 所示为 VCl_3 和 H_2O 随着温度变化标准吉布斯自由能的变化曲线图。由图 6-38 可知，在 31℃，VCl_3 与 H_2O 反应形成 $VOCl$ 和 HCl，随着温度的升高，更有利于反应的进行。生成的 $VOCl$ 在电解过程中发生如下反应：

阳极： $\qquad VO^- + e \rightleftharpoons VO \qquad$ (6-13)

阴极： $\qquad 2Cl^- - 2e \rightleftharpoons Cl_2 \qquad$ (6-14)

沉积的产品在后期的水洗和烘干过程中，VO 与空气中 O_2 发生反应形成 V_2O_3。因此，电解产品中很容易有 V_2O_3 的形成。电解产生的合金在后期处理的过程中被氧化已有文献报道。

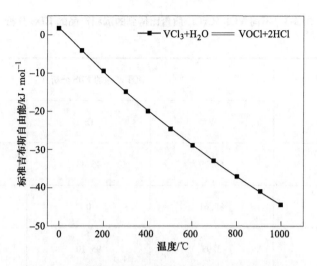

图 6-38　随着温度变化标准反应吉布斯自由能的变化

6.4　多组元（实际氯化钒渣）熔盐体系电解制备合金

通过氯化剂氯化钒渣后，有价金属元素（V、Cr、Fe 和 Mn）以金属氯化物（VCl_3、$CrCl_3$、$FeCl_2$ 和 $MnCl_2$）的形式存在于熔盐中，本章介绍了 $FeCl_2$ 和 $MnCl_2$ 在熔盐中的电化学行为和电解分离效果，6.3 节介绍了 VCl_3 和 $CrCl_3$ 在熔盐中的电化学行为和共沉积。实际钒渣经过 $AlCl_3$ 氯化后是 VCl_3、$CrCl_3$、$FeCl_2$ 和 $MnCl_2$ 等氯化物组成的多元体系，本节重点介绍直接电解多元体系不同因素对电沉积产品的影响。为实际电解钒渣制备合金优化工艺条件。

6.4.1　氯化物的理论分解电压

钒渣中的有价元素通过氯化后，V、Cr、Fe 和 Mn 分别以 VCl_3、$CrCl_3$、$FeCl_2$ 和 $MnCl_2$ 的形式存在。因此，氯化钒渣的熔盐是一个复杂的离子溶液。通过 FactSage 6.4 计算了金属氯化物的标准吉布斯自由能随着温度变化。根据能斯特方程，得到了不同温度下，金属氯化物的理论分解电压随着温度变化曲线。从图 6-39 可以看出，随着温度从 600℃ 增加到 1200℃，有价金属元素的理论分解电压逐渐减低。900℃ 时，有价金属元素电沉积难易程度为 $KCl > NaCl > AlCl_3 > MnCl_2 > VCl_3 > FeCl_2 > CrCl_3$。熔盐 NaCl-KCl 的理论分解电压比 $FeCl_2$、$MnCl_2$、VCl_3 和 $CrCl_3$ 的理论分解电压高很多，因此，在 NaCl-KCl 熔盐体系中，通过控制电压可以实现有价元素被电沉积得到金属而 NaCl-KCl 熔盐不被电解。同时，从

图 6-39 可以看出，$MnCl_2$ 的理论分解电压比 $FeCl_2$、VCl_3 和 $CrCl_3$ 的分解电压高，通过控制电压可以实现钒渣中有价元素 Mn 与 V、Cr 和 Fe 的分离。更重要的是，在使用 $AlCl_3$ 氯化钒渣时，部分 $AlCl_3$ 残留在熔盐中，根据图 6-39，$AlCl_3$ 的理论分解电压比 $MnCl_2$ 的高，因此，理论上当熔盐中的 Mn^{2+} 不被电解时，Al^{3+} 是更难被电解的，适当控制电压可以实现熔盐中的 $AlCl_3$ 不被电解。在实际的两电极恒电压电解过程中，由于存在浓差极化和电化学极化，因此，实际所需的电解电压要高于理论分解电压。

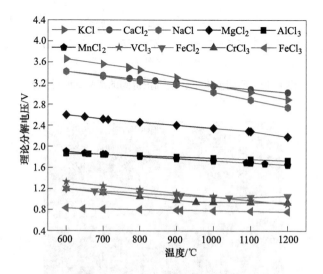

图 6-39　金属氯化物的理论分解电压随着温度变化曲线

6.4.2　$AlCl_3$ 氯化钒渣电解制备合金

6.4.2.1　电解温度的影响

图 6-40 所示为不同的电解温度条件下，得到的电解产品的 XRD 图谱。XRD 图谱表明：750℃沉积产品为 Fe、$CrFe_4$ 和杂质 Al_2O_3 相；800℃沉积产品为 Fe、Fe_9V 和 Al_2O_3；900℃沉积产品为 Fe、$VCrFe_8$ 和 Al_2O_3。图 6-41 所示为不同温度下，得到的沉积产品形貌图。表 6-4 所示为图 6-41 产品的 EDS 分析结果。随着温度增加，电解颗粒更倾向于规则化，杂质 Al_2O_3 含量降低，有价金属铁、钒和铬相对含量增加。氧化铝的密度为 3.5~3.9g/cm³。NaCl-KCl（NaCl-KCl = 50.6：49.4（摩尔分数））熔盐：700℃的密度为 1.59g/cm³；800℃的密度为 1.53g/cm³；900℃的密度为 1.47g/cm³。随着温度升高，熔盐 NaCl-KCl 密度降低，Al_2O_3 的密度变

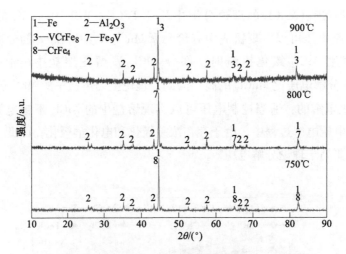

图 6-40　不同温度下，电沉积得到的产品 XRD 图谱

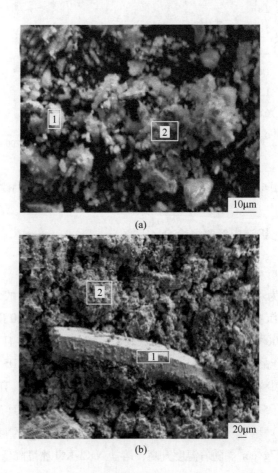

(c)

图 6-41 不同温度下，电沉积得到的产品 SEM 图谱

(a) 750℃；(b) 800℃；(c) 900℃

化不大。同时，NaCl-KCl（NaCl-KCl = 50.6 ∶ 49.4）熔盐：700℃ 的黏度为 2.54mPa·s；800℃ 的黏度为 2.00mPa·s；900℃ 的黏度为 1.65mPa·s。随着温度的升高，熔盐 NaCl-KCl 的黏度降低。因此，升高温度，更有利于氧化铝和熔盐的分离，杂质氧化铝含量减低。

表 6-4 沉积产品的 EDS 分析　　　　　　（质量分数/%）

样品	沉积产品的 EDS 分析						
	$w(V)$	$w(Fe)$	$w(Al)$	$w(Cr)$	$w(Si)$	$w(Mn)$	$w(O)$
(a)-1	1.74	57.77	23.94	1.53	1.02	0.3	13.70
(a)-2	3.67	56.75	18.98	3.45	2.07	0.24	14.84
(b)-1	3.73	76.26	8.76	2.28	0	0	8.97
(b)-2	3.08	79.36	6.54	0.84	0.61	0.40	9.18
(c)-1	4.72	87.79	2.58	4.75	0	0	0.17

6.4.2.2 样品/熔盐比例的影响

图 6-42 所示为不同样品/熔盐比例下，得到的电解产品的 XRD 图谱。XRD 图谱表明：样品/熔盐 = 2 沉积产品为 Fe、SiO_2 和 Al_2O_3；样品/熔盐 = 1 沉积产品为 Fe、$VCrFe_8$ 和 Al_2O_3；样品/熔盐 = 0.25 沉积产品为 Cr、Fe_4V 和 Al_2O_3。

图 6-43 所示为不同样品/熔盐比例下，得到的沉积产品形貌图。表 6-5 所示为图 6-43 产品的 EDS 分析结果。随着样品/熔盐比例降低，电解颗粒更倾向于规则化，杂质 Al_2O_3 含量降低，有价金属钒和铬相对含量增加。样品的主要成分为氯化物（$NaCl$、KCl、VCl_3、$CrCl_3$、$FeCl_2$、$MnCl_2$ 等）和氧化物（Al_2O_3、SiO_2 等），随着熔盐中氧化物含量的增加，熔盐的黏度显著增加。因此，样品/熔盐比例增加，更不利于熔盐中的氧化铝杂质的降低。最佳样品/熔盐比例为 0.25。

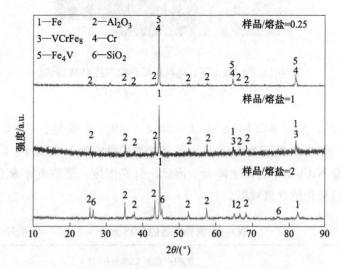

图 6-42　不同样品/熔盐比例，电沉积得到的产品的 XRD 图谱

(a)

(b)

(c)

图 6-43 不同样品/熔盐比例，电沉积得到的产品的 SEM 图谱

（a）样品/熔盐=2；（b）样品/熔盐=1；（c）样品/熔盐=0.25

表 6-5 沉积产品的 EDS 分析 （质量分数/%）

样品/熔盐	平衡相的 EDS 分析					
	V	Fe	Al	Cr	Si	O
（a）-1	2.59	24.60	32.31	0	4.37	36.14
（b）-1	4.72	87.79	2.58	4.75	0	0.17

样品/熔盐	平衡相的 EDS 分析					
	V	Fe	Al	Cr	Si	O
(c)-1	18.29	62.83	9.45	5.99	0.16	3.28
(c)-2	18.60	64.47	9.64	5.43	0.02	1.85

6.4.2.3　电解电压的影响

氯化钒渣中的氯化物主要为 VCl_3、$CrCl_3$、$FeCl_2$、$MnCl_2$ 等。氯化物成分复杂，因此，通过控制电解条件得到不同成分的合金对于高效利用钒渣有非常重要的意义。根据图 6-39 可以看出 $MnCl_2$ 的理论分解电压比 $FeCl_2$、$CrCl_3$ 和 VCl_3 的理论分解电压高很多。因此，理论上通过控制电解电压可以实现锰与钒、铬和铁的分离。同时，从图 6-39 可以看出 $AlCl_3$ 的理论分解电压比 $MnCl_2$ 的分解电压高，当 Mn^{2+} 不被电解，Al^{3+} 也不被电解。图 6-44 所示为不同的电解电压条件下，得到的电解产品的 XRD 图谱。XRD 图谱表明：2.3V 沉积产品为 Cr、Fe_4V 和杂质 Al_2O_3；3V 沉积产品为 Cr、V_3Fe_7 和 Al_2O_3。图 6-45 所示为不同电解电压下，得到的沉积产品形貌图。表 6-6 所示为图 6-45 产品的 EDS 分析结果。随着电解电压从 2.3V 增加到 3V，沉积产品中的锰含量增加。因此，通过控制电压可以实现钒渣中有价元素锰与钒、铬和铁的分离。

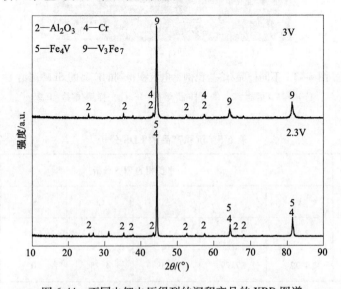

图 6-44　不同电解电压得到的沉积产品的 XRD 图谱

图 6-45　不同电解电压得到的沉积产品的 SEM 图谱

(a) 2.3V；(b) 3V

表 6-6　沉积产品的 EDS 分析　　　　（质量分数/%）

样品	平衡相的 EDS 分析						
	V	Fe	Al	Cr	Si	Mn	O
(a)-1	18.29	62.83	9.45	5.99	0	0.16	3.28
(a)-2	18.60	64.47	9.64	5.43	0	0.02	1.85
(b)-1	1.98	53.99	13.93	20.29	0	5.96	3.85
(b)-2	4.16	62.72	14.11	7.15	1.07	3.73	7.06

6.4.2.4　电解时间的影响

图 6-46 所示为不同的电解时间条件下，得到的电解产品的 XRD 图谱。XRD

图谱表明沉积产品为 V_3Fe_7、Cr 和杂质 Al_2O_3 相。随着时间的增加，V_3Fe_7 和 Cr 的衍射峰在逐渐增强，同时，杂质 Al_2O_3 的衍射峰也在增强。图 6-47 所示为不同时间下，得到的沉积产品形貌图。表 6-7 所示为图 6-47 产品的 EDS 分析结果。电解时间为 4h，沉积产品的表现为分散的立方形，电解时间为 7h，沉积产品出现黏结。沉积的产品和杂质可以提供活跃的增长面，特别是有棱有角的形貌使面表面能低，降低了金属离子形核的阻碍。

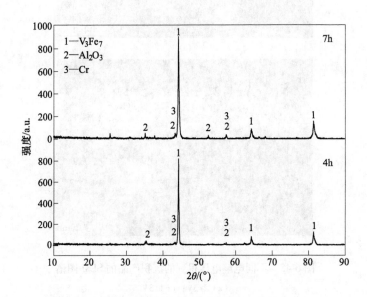

图 6-46　不同电解时间，得到的沉积产品的 XRD 图谱

（样品/熔盐 = 1∶4，900℃，3V）

表 6-7　沉积产品的 EDS 分析　　　　　　　　（质量分数/%）

样品	平衡相的 EDS 分析						
	V	Fe	Al	Cr	Si	Mn	O
(a)-1	9.17	73.28	0.42	12.09	0	2.60	2.44
(a)-2	9.23	75.04	0.32	11.94	0	2.36	1.10
(b)-1	1.98	53.99	13.93	20.29	0	5.96	3.85
(b)-2	4.16	62.72	14.11	7.15	1.07	3.73	7.06

图 6-47　不同电解时间，得到的沉积产品的 SEM 图谱

（样品/熔盐=1∶4，900℃，3V）

（a）4h；（b）7h

6.4.3　AlCl₃ 氯化 NH₄Cl 氯化后的残渣电解制备合金

经过 NH₄Cl 氯化后的钒渣，大部分铁和锰被除去，钒、铬和钛得到富集。AlCl₃ 用于氯化残渣，因此，残渣中的 Fe、V 和 Cr 分别以 FeCl₃、VCl₃ 和 CrCl₃ 的形式存在。之后，熔盐电解温度为 800℃，电压为 2.3V，电解时间为 225min。图 6-48 所示为熔盐电解的电流时间曲线。由图 6-48 可知，当在两电极间施加 2.3V 电压时，0.2min 内，电流迅速从 3.98A 降低到 2.04A，这可以归于熔盐电解槽达到平衡。随着时间增加到 14min，电流从 2.04A 增加到 2.3A，这可能由于阴极实际反应表面积增大。由于铁、铬和钒离子浓度的降低，电解时间在 14min 到 140min，电流降至 0.74A。之后，随着时间从 140min 增加到 225min，电流降低到了 0.5~0.7A。

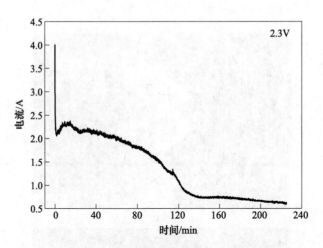

图 6-48　随着时间变化，电流变化曲线

　　图 6-49 所示为沉积产品的 SEM 图，由图 6-49 可知沉积产品的形貌为烧结颗粒状，通过 EDS 分析了产品的元素组成。沉积产品的元素组成（质量分数）为 Fe-V-Cr 合金（62.32% Fe、15.79% V、10.35% Cr 和 5.01% Ti），杂质为 2.82% O、3.33% Al 和 0.38% Si。

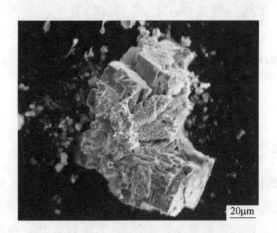

图 6-49　沉积产品的 SEM 图谱

　　图 6-50 所示为提取钒渣中 Fe、Mn、V、Cr 和 Ti 之后的渣的 XRD 图谱，从图 6-50 可知，主要物相为 Al_2O_3 和 $Al_{4.8}Si_{1.2}O_{9.6}$。XRF 用于分析提取钒渣中 Fe、Mn、V、Cr 和 Ti 之后的渣元素含量，结果表明 Al、Si 和 O 元素质量百分含量超过了 95.25%。这种渣可以用于合成莫来石材料。

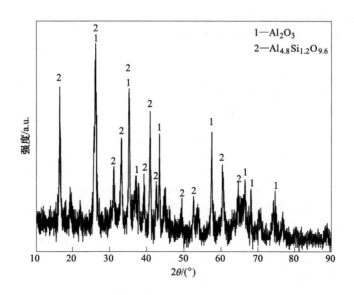

图 6-50　提取钒渣中 Fe、Mn、V、Cr 和 Ti 之后的渣的 XRD 图谱

6.5　TiCl₄ 水解制备金红石

在熔盐氯化钒渣时，由于氯化产物 $TiCl_4$ 极易挥发，在氯化过程中，会不断从反应体系中挥发。$AlCl_3$ 作为低熔点物质，极易挥发，导致了 $TiCl_4$ 中混合大量的 $AlCl_3$。本章节重点研究了 $AlCl_3$ 存在时 $TiCl_4$ 的水解制备金红石 TiO_2，对金红石 TiO_2 的纯度、形貌通过添加盐酸和异丙醇进行调节，并对制备的金红石 TiO_2 进行重金属 Cr（Ⅵ）吸附实验，考察金红石 TiO_2 对 Cr（Ⅵ）吸附性能。表 6-8 所示为 $TiCl_4$-$AlCl_3$ 水解制备 TiO_2 的条件。

表 6-8　TiCl₄-AlCl₃ 水解制备 TiO₂ 的条件

编号	HCl 浓度/mol·L⁻¹	异丙醇浓度/mol·L⁻¹	温度/℃	pH 值
1	0	0	30	6.9
2	0	0	60	6.9
3	0.01	0	60	1.6
4	0.1	0	60	1.2

编号	HCl 浓度/mol·L⁻¹	异丙醇浓度/mol·L⁻¹	温度/℃	pH 值
5	0.5	0	60	0.7
6	1	0	60	0.1
7	0	0.5	60	5.0
8	0	1	60	4.7
9	0	5	60	5.4
10	0.5	0.5	60	0.6
11	0.5	1	60	0.5
12	0.5	5	60	0.6

6.5.1　温度和 AlCl$_3$ 对金红石型 TiO$_2$ 的影响

不同温度和 AlCl$_3$ 存在时对 TiCl$_4$ 水解制备金红石的影响如图 6-51 所示。不同温度下添加 AlCl$_3$ 水解制备 TiO$_2$ 的 XRD 如图 6-51 （a） 所示，很显然在 60℃ 时获得了金红石 TiO$_2$，30℃ 时制备的金红石 TiO$_2$ 结晶性较差，表明 TiCl$_4$ 水解制备金红石 TiO$_2$ 对温度具有敏感性，水解温度应该大于 30℃。图 6-51 （b） 所示为 60℃ 时以 AlCl$_3$ 为变量制备 TiO$_2$ 的 XRD 分析结果，有 AlCl$_3$ 存在时 TiO$_2$ 为纯的金红石相，单 TiCl$_4$ 水解制备的 TiO$_2$ 中存在金红石和锐钛矿两相，AlCl$_3$ 在金红石 TiO$_2$ 的形核过程中起到了诱导剂的作用。由于 AlCl$_3$ 在低温下的活性比 TiCl$_4$ 低，AlCl$_3$ 会优先发生水解。AlCl$_3$ 在水解的过程中会生成一种中间体产物可表示为：

$$AlCl_3 + (6 + 3n)\,H_2O =\!=\!=\! [Al(H_2O)_6]^{3+} + 3Cl^- \cdot nH_2O \qquad (6\text{-}15)$$

TiCl$_4$ 在水解的过程中，也会产生一种中间体产物，可表示为：

$$Ti^{4+} + 6H_2O =\!=\!=\! [TiO(OH_2)_5]^{2+} + 2H^+ \qquad (6\text{-}16)$$

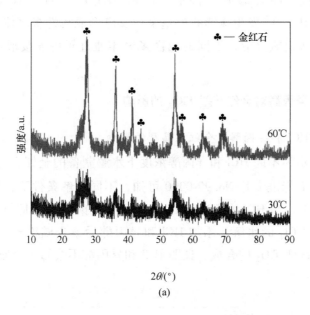

(a)

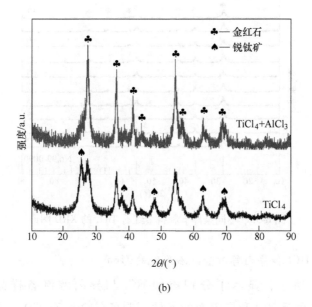

(b)

图 6-51 不同条件下制备金红石 TiO$_2$ 的 XRD 图

（a）AlCl$_3$ 存在时不同温度水解制备 TiO$_2$ 的 XRD 图；（b）60℃水解制备 TiO$_2$ 的 XRD 图

　　由于 AlCl$_3$，Al^{3+} 发生水合反应生成类似八面体结构的 [Al(H$_2$O)$_6$]$^{3+}$，并以线性方式连接，TiCl$_4$ 的水解中间体 [TiO(OH$_2$)$_5$]$^{2+}$ 在 [Al(H$_2$O)$_6$]$^{3+}$ 周围形成，[TiO(OH$_2$)$_5$]$^{2+}$ 发生连续的羟基聚合反应形成线性多聚体。这些线性多聚体发生了内部脱氧反应，不同的线性多聚体通过氧桥连接形成金红石 TiO$_2$ 晶核。

6.5.2　HCl 和异丙醇对金红石型 TiO$_2$ 的影响

6.5.2.1　HCl 和异丙醇对金红石晶型的影响

　　图 6-52 所示为不同 HCl 和异丙醇浓度下水解制备的金红石型 TiO$_2$ 的 XRD 图谱，根据 PDF 标准卡片 No.99-0090 可知，不同水解条件下，得到的产物均为金红石型 TiO$_2$。当 HCl 浓度达到 1mol/L 时，水解 6h 后无固体产生，高浓度的 HCl 抑制了 TiCl$_4$ 的水解。添加 HCl 和异丙醇后，合成粉末中无其他矿相，不会影响金红石型 TiO$_2$ 的合成，证明 HCl 和异丙醇不会影响合成粉末的晶型。

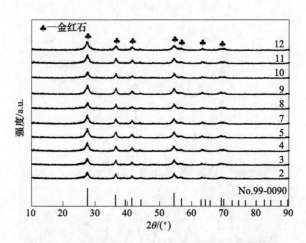

图 6-52　不同条件下制备金红石 TiO$_2$ 的 XRD 图谱

6.5.2.2　HCl 和异丙醇对金红石形貌的影响

　　如图 6-53 所示，显示了分别添加 HCl 和异丙醇制备样品的形貌。图 6-53（a）表示在无 HCl 和异丙醇的条件下制备的金红石 TiO$_2$，颗粒聚合成不规则块，但不是致密状态。如图 6-53（b）（c）所示，随着 HCl 浓度的增加，TiO$_2$ 颗粒可以增长到平均为 4μm，颗粒的团聚现象明显降低。在酸性溶液中，由于 H$^+$ 附着在颗粒表面，增加相邻颗粒之间的排斥力，使颗粒均匀地悬浮，从而在长大过程中能够形成较分散的颗粒。图 6-53（d）所示为加入 1mol/L 异丙醇时制备 TiO$_2$ 的形态，TiO$_2$ 颗粒的团聚明显增加，并生长成不规则块体，块体的最大尺寸大于 50μm。因为异丙醇长碳链、低极性，降低了水解反应的速率，有利于 TiO$_2$ 颗粒的团聚。仅添加 HCl 或异丙醇不能控制合成球形的金红石 TiO$_2$。

20μm

(a)

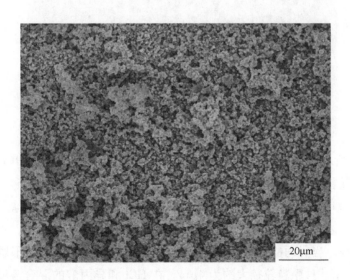

20μm

(b)

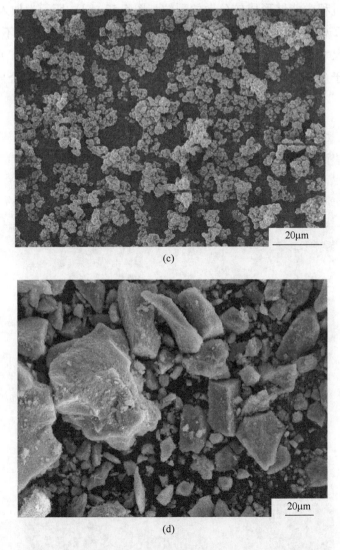

图 6-53　分别添加 HCl 和异丙醇制备金红石 TiO_2 的 SEM 图谱

　　图 6-54 所示为同时添加 HCl 和异丙醇制备的金红石 TiO_2，HCl 的浓度为 0.5mol/L，随着异丙醇浓度的增加有明显的球形颗粒出现。如图 6-54（a）所示，异丙醇浓度为 0.5mol/L，颗粒中有部分块体出现，尺寸明显大于球形颗粒。在较低的异丙醇浓度下，颗粒团聚速度较快，导致了部分颗粒的团聚，不利于形成均匀球形颗粒。当异丙醇浓度为 1mol/L 时，制备了均匀分散的球形颗粒，如图 6-54（b）所示，且颗粒粒径大约为 4μm。在 HCl 和异丙醇的混合溶液中，水解反应的速率降低，颗粒开始聚集。H^+ 增加颗粒间的排斥力，在聚集过程中，由

于排斥力的存在，仅相邻的粒子发生凝聚，形成了均匀分散的球形颗粒。如图 6-54（c）所示，当异丙醇浓度达到 5mol/L 时，出现了明显的聚集情况，形成了明显的块体。高浓度的异丙醇会导致颗粒的过度聚集，不利于制备均匀的球形颗粒。通过调节 HCl 和异丙醇的浓度，能够制备均匀分散的球形金红石颗粒，在后期应用中有利于表面活性位点的充分暴露。

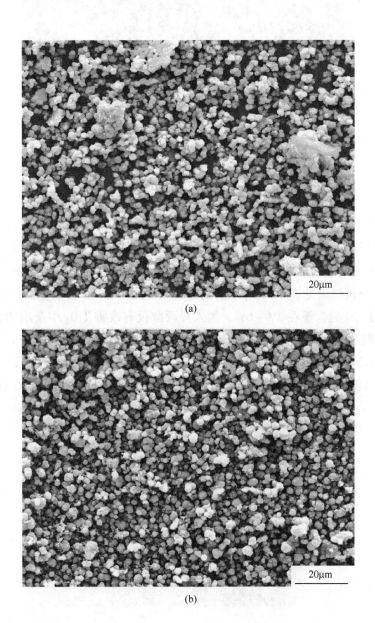

(a)

(b)

(c)

图 6-54　同时添加 HCl 和异丙醇制备金红石的 SEM 图谱

6.5.2.3　HCl 和异丙醇对金红石纯度的影响

利用 EDS 分析金红石中主要杂质元素。如图 6-55 所示，在金红石 TiO_2 中，除 Ti、O 外还存在 Al、Cl，这是由于 $AlCl_3$ 的水解产生了 Al_2O_3 和 AlOCl。不同样品的 EDS 分析结果见表 6-9，在水解的过程中不加入 HCl，合成金红石中 Al 的含量相近，且 Al 的含量在 5% ~ 6%，加入异丙醇没有改善 TiO_2 中杂质的含量，异丙醇不是调节纯度的因素。随着 HCl 浓度的增加，Al 的含量明显降低，能够抑制 $AlCl_3$ 水解，当 HCl 浓度达到 0.5mol/L 时，Al 的含量降低到 1% 以下。高的 HCl 浓度可以显著提高金红石的纯度，因为 Al_2O_3 是一种两性氧化物，在高浓度

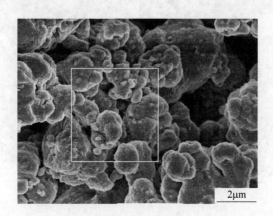

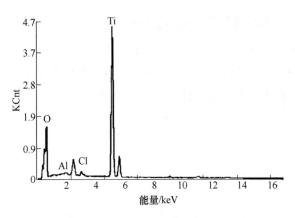

图 6-55　金红石 TiO₂ 的 EDS 分析

（HCl 浓度：0.5mol/L；异丙醇浓度：1mol/L）

的 HCl 中会溶解。TiO₂ 是一种非常稳定的氧化物，在较低温度下很难与酸或碱发生反应。通过控制 HCl 浓度，能够提高金红石 TiO₂ 的纯度，但是过量的 HCl 会抑制 TiCl₄ 的水解。

表 6-9　不同条件制备的金红石 TiO₂ 的 EDS 分析

样品编号	HCl 浓度 /mol·L⁻¹	异丙醇浓度 /mol·L⁻¹	质量分数/%			
			$w(\text{Ti})$	$w(\text{Al})$	$w(\text{Cl})$	$w(\text{O})$
2	0	0	53.16	5.04	3.30	38.5
3	0.01	0	47.88	3.59	2.10	46.43
4	0.1	0	45.72	2.13	1.83	50.32
5	0.5	0	53.84	0.68	0.59	44.89
7	0	0.5	54.38	6.17	0.34	39.11
8	0	1	48.61	5.48	2.82	43.09
9	0	5	48.92	5.61	0.26	45.21
10	0.5	0.5	53.48	0.24	0.73	45.55
11	0.5	1	55.16	0.29	0.58	43.97
12	0.5	5	49.45	0.88	2.08	47.59

6.5.2.4　HCl 和异丙醇对金红石比表面积的影响

如图 6-56 所示为不同条件制备的金红石 TiO$_2$ 的等温氮气吸附-脱附曲线和孔径分布曲线。由图 6-56（a）可知，所有的样品的等温氮气吸附-解吸曲线符合类型Ⅳ，表明样品中存在中孔（20~50nm），具有 H3 型滞后环，表明颗粒的孔为夹缝型孔。比表面积由 BET 方法计算得到，见表 6-10。

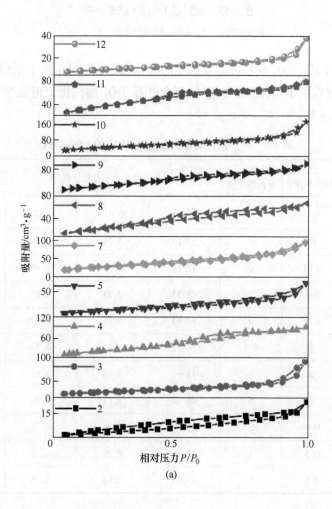

(a)

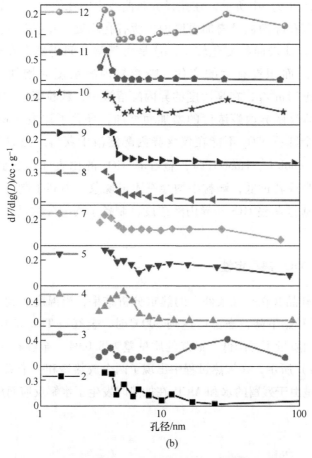

(b)

图 6-56　不同条件制备的金红石 TiO₂ 的等温氮气吸附-
脱附曲线和孔径分布曲线

（a）金红石 TiO₂ 等温氮气吸附-脱附曲线；（b）孔径分布曲线

扫一扫看更清楚

表 6-10　不同条件制备金红石 TiO₂ 的比表面积

样品编号	比表面积/m² · g⁻¹	样品编号	比表面积/m² · g⁻¹
2	128	8	89
3	132	9	71
4	147	10	146
5	121	11	202
7	148	12	126

正如图6-56（b）中所示，在孔径分布曲线中的峰值强度表示孔隙的数量，比表面积会随着孔隙的数量增加而增加，所有孔均处于中孔区域。只添加 HCl 时，金红石 TiO_2 比表面积变化较小，这是由于颗粒间仍然存在聚集现象，使得颗粒所暴露的面积没有大的变化。随着异丙醇浓度的增加，比表面积从 $148m^2/g$ 降低到 $71m^2/g$，在高浓度的异丙醇溶液中，颗粒聚集和形成不规则块状固体，聚集程度随异丙醇浓度的增加而增加，导致了比表面积的快速降低。高比表面积的金红石 TiO_2 不能在仅含异丙醇溶液中获得。当 HCl 和异丙醇的浓度分别为 0.5mol/L、1mol/L 时，金红石 TiO_2 的比表面积达到了 $202m^2/g$，异丙醇浓度过高或者过低，颗粒中均会有团聚现象，不利于制备高比表面积的金红石 TiO_2。通过调整 HCl 和异丙醇浓度，制备了均匀分散且具有高比表面积的金红石 TiO_2。

6.5.3　金红石 TiO_2 热稳定性

图6-57为样品9在空气条件下的热重分析结果，当温度达到80℃后，金红石 TiO_2 的质量开始下降，当温度达到500℃时，金红石 TiO_2 的质量趋于稳定，随着温度的增加质量不再降低，最终的质量差为 8.03%。金红石 TiO_2 的 DTG 曲线如图6-57（a）所示，在加热过程中出现了两个放热峰和一个吸热峰。在80℃的放热峰可能是由于残留的水和 $AlCl_3$ 在加热时发生了水解反应而放热，在140℃

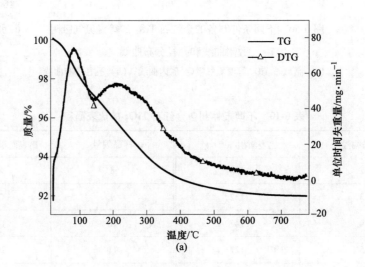

(a)

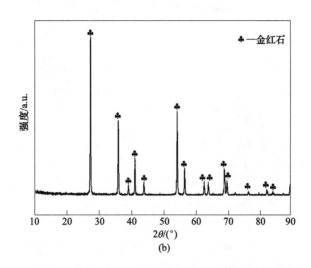

图 6-57 样品在空气条件下的热量分析结果

（a）样品 9 的差热分析，空气气氛：20℃/min；（b）热分析后样品的 XRD 图谱

的吸热峰可能是由于金红石 TiO_2 的孔隙中残留了水，水蒸发吸热，在 210℃ 的放热峰可能是由于残留的有机物在高温下燃烧放热，结果与 TG 曲线一致。图 6-57（b）为热分析后金红石 TiO_2 的 XRD 分析，煅烧后的金红石 TiO_2 未发生晶型的转变，具有良好的热稳定性。与初始的粉末相比，具有更好的结晶性，通过煅烧能够进一步地改善金红石 TiO_2 的结晶性。

6.5.4 TiO_2 对 Cr(Ⅵ) 的吸附

为测定纯物质合成 TiO_2 的性能，利用合成的 11 号样品粉末进行重金属高价 Cr(Ⅵ) 离子吸附实验，分析了吸附时间、溶液 pH 值以及 Cr(Ⅵ) 初始浓度对吸附的影响，考察了合成 TiO_2 的吸附性能。

6.5.4.1 时间对 TiO_2 吸附 Cr(Ⅵ) 的影响

图 6-58 显示了吸附时间从 5min 到 60min Cr(Ⅵ) 的去除率，由图 6-58 可知，在吸附前期，吸附速度较快，去除率快速增加。当吸附时间为 30min，去除率不再上升，说明当吸附时间达到 30min 左右，吸附达到平衡状态。由于 TiO_2 吸附活性位点有限，在吸附前期活性位点被 Cr(Ⅵ) 占据。随着吸附的进行，吸附活性位点不断减少，吸附后期去除率不再增加，说明 TiO_2 吸附剂对 Cr(Ⅵ) 的吸附达到了平衡状态，因此选择 30min 为吸附平衡时间。

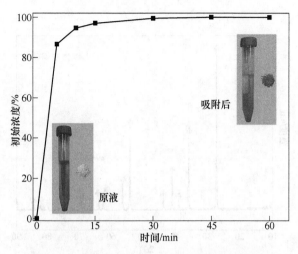

扫一扫看更清楚

图 6-58　吸附剂对 Cr(Ⅵ) 去除率随时间的变化

（插图表示吸附前后溶液颜色的变化，Cr(Ⅵ) 浓度：200mg/L）

6.5.4.2　溶液 pH 值和初始浓度对 TiO$_2$ 吸附 Cr(Ⅵ) 的影响

图 6-59（a）显示当 Cr(Ⅵ) 浓度为 200mg/L 时，不同 pH 值下 TiO$_2$ 对 Cr(Ⅵ) 去除率的影响。由图可知，当 pH 值升高到 7，Cr(Ⅵ) 的去除率明显下降，当 pH 值为 11 时，去除率降低到了 65.7%。在 Cr(Ⅵ) 的吸附过程中，TiO$_2$ 和 Cr$_2$O$_7^{2-}$ 之间主要以静电引力的方式来主导吸附，溶液中分散的 TiO$_2$ 颗粒表面布满了活性位点，这些活性位点形成官能团（Ti-OH 或者 Ti-OH$_2^+$）。在酸性溶液中，TiO$_2$ 表面会形成大量的酸性官能团 Ti-OH$_2^+$，带正电荷的酸性官能团 Ti-OH$_2^+$ 通过静电引力与带负电荷的 Cr$_2$O$_7^{2-}$ 结合，因此在酸性溶液中 Cr(Ⅵ) 能有效地去除。在中性或者碱性溶液中，TiO$_2$ 表面活性位点会形成 Ti-OH，由于 Ti-OH 不带正电荷不利于 Cr$_2$O$_7^{2-}$ 与活性位点结合，导致了在碱性溶液中的 Cr(Ⅵ) 去除率较低。当 pH 值不断降低时，Cr(Ⅵ) 的去除率不再增加，由于 TiO$_2$ 表面活性位点有限，在酸性溶液中只能形成有限的酸性官能团 Ti-OH$_2^+$。因此，当溶液的 pH 值为 5 时，即可实现 Cr(Ⅵ) 的有效去除。

图 6-59（b）为 Cr(Ⅵ) 的初始浓度对 TiO$_2$ 吸附 Cr(Ⅵ) 的影响，当 Cr(Ⅵ) 的初始浓度从 100mg/L 增加到 800mg/L 时，Cr(Ⅵ) 的去除率从 99.51% 降低到了 60.94%，TiO$_2$ 对 Cr(Ⅵ) 吸附容量从 4.98mg/g(Cr(Ⅵ) 100mg/L) 增加到了 24.38mg/g(Cr(Ⅵ) 800mg/L)。随着 Cr(Ⅵ) 浓度的增加，TiO$_2$ 对 Cr(Ⅵ) 吸附容量不断增加，当 Cr(Ⅵ) 浓度从 600mg/L 到 800mg/L 时，TiO$_2$ 对 Cr(Ⅵ) 吸附容量仅增加了 0.82mg/g。在低浓度的 Cr(Ⅵ) 溶液中，TiO$_2$ 表面有较多的活性

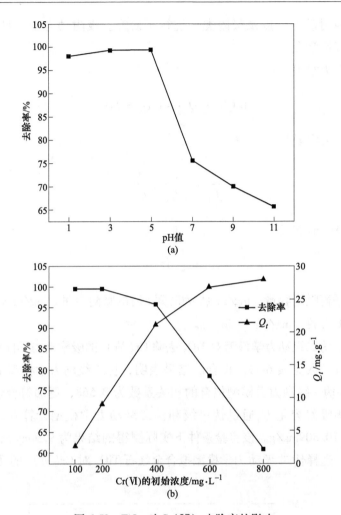

图 6-59 TiO$_2$ 对 Cr(Ⅵ) 去除率的影响

(a) pH 值对 Cr(Ⅵ) 的去除率的影响；(b) 初始浓度对 Cr(Ⅵ) 的去除率的影响

位点，能够将溶液中的 Cr$_2$O$_7^{2-}$ 有效地吸附。在高浓的 Cr(Ⅵ) 溶液中，TiO$_2$ 周围分散着更多的 Cr$_2$O$_7^{2-}$，能够有效的与 TiO$_2$ 表面活性位点结合，从而有更高的吸附容量。TiO$_2$ 表面的活性位点有限，当达到吸附饱和状态时，Cr$_2$O$_7^{2-}$ 不再与活性位点结合。因此当 Cr(Ⅵ) 初始浓度为 600mg/L 时，TiO$_2$ 可以有效地吸附 Cr(Ⅵ)。当 Cr(Ⅵ) 初始浓度增加到 2000mg/L 时，吸附容量达到了 28.9mg/g。

6.5.4.3 金红石 TiO$_2$ 对 Cr(Ⅵ) 的吸附动力学

固体吸附剂对溶液中溶质的吸附可以用吸附动力学模型来进行拟合，通过拟合结果可以判断吸附的类型。为了模拟金红石 TiO$_2$ 对 Cr(Ⅵ) 吸附反应，考察吸附类型，对吸附动力学以及吸附类型进行了研究。吸附动力学模型和 Webber-Morris 模型如下所示。

伪一级动力学模型：

$$\ln(Q_e - Q_t) = \ln Q_e - k_1 t \tag{6-17}$$

伪二级动力学模型：

$$\frac{t}{Q_t} = \frac{1}{k_2 Q_e^2} + \frac{t}{Q_e} \tag{6-18}$$

Webber-Morris 模型：

$$Q_t = k_{wm} t^{\frac{1}{2}} + C \tag{6-19}$$

式中，Q_e 为平衡吸附容量，mg/g；Q_t 为时间 t 时的吸附容量，mg/g；k_1、k_2 和 k_{wm} 为模型的速率常数，$mg/(g \cdot min^{1/2})$。

伪一级、伪二级动力学模型对 TiO_2 去除 $Cr(VI)$ 的吸附动力学曲线如图 6-60 所示，其拟合参数见表 6-11。拟合的结果表明，伪二级动力学模型的相关系数 R^2 为 0.999，伪一级动力学模型拟合的相关系数为 0.568，更加符合伪二级动力学规律。平衡吸附容量 Q_e 通过伪一级和伪二级动力学模型计算获得，分别为 15.18mg/g、10.309mg/g。该实验条件下实际测得的结果为 9.9mg/g，两组值很接近。所以，选择伪二级动力学模型拟合金红石 TiO_2 对 $Cr(VI)$ 的吸附数据，

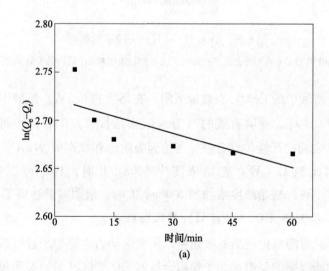

(a)

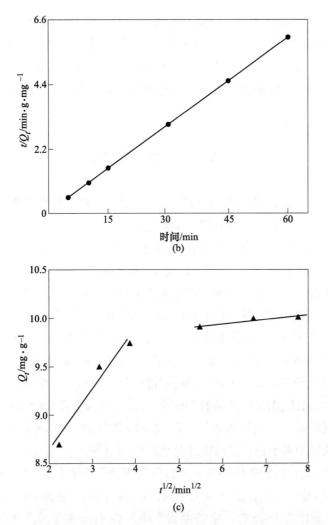

图 6-60 金红石 TiO$_2$ 对 Cr(Ⅵ) 的吸附动力学和 Webber-Morris 模型

(a) 伪一级动力学；(b) 伪二级动力学；(c) Webber-Morris 模型

通过建立伪二级动力学方程式说明金红石 TiO$_2$ 对 Cr(Ⅵ) 的吸附过程主要为化学吸附。

表 6-11 动力学模型和参数

模型	方程	模型参数		
伪一级动力学模型	$y=-0.00117x+2.72$	$R^2=0.568$	$k_1=0.0011$	$Q_e=15.18$
伪二级动力学模型	$y=0.0987x+0.069$	$R^2=0.999$	$k_2=0.136$	$Q_e=10.309$

在 Webber-Morris 模型中，包括两个线性部分，第一线性部分归因于 Cr(Ⅵ) 在 TiO_2 颗粒外部的吸附，第二部分归因于 Cr(Ⅵ) 从外表面迁移到内部的孔发生吸附。两个线性部分的速率常数分别为 0.647 和 0.045，这是由于活性位点主要分布在颗粒表面，颗粒内部孔的活性位点明显少于外部，所以吸附主要发生在颗粒表面。

6.6　本章小结

以氯化物为原料，通过固相烧结、熔盐电解和水解实现了钒渣中有价元素铁、锰、钒、铬、钛的高值化利用，主要结论如下：

（1）通过向 NH_4Cl 氯化后的浸出液中加入 $ZnCl_2$ 和 $MnCl_2 \cdot 4H_2O$，并采用一步烧结法，焙烧温度为 1300℃，1h 合成了 $Mn_{0.8}Zn_{0.2}Fe_2O_4$ 铁氧体，其饱和磁性为 68.6emu/g 和矫顽力为 3.3Oe，性能优于由纯物质和二次资源合成的相关铁氧体材料的性能，实现了铁锰有价元素的高附加值化。

（2）NH_4Cl 氯化后的铁锰熔盐，通过电解分离铁锰。800℃，NaCl-KCl-$FeCl_2$-$MnCl_2$ 熔盐体系，采用方波伏安测定的 $FeCl_2$ 和 $MnCl_2$ 的还原电位，$\Delta E = 0.443V$，转移电子数为 2，计算得到铁和锰的分离率为 99.993%。在最佳工艺条件下，富铁相和富锰相沉积产品的 Mn/Fe 质量比分别为 0.0625 和 36.4。而传统磁性分离得到的磁性产品和非磁性产品 Mn/Fe 质量比为 0.08 和 28.41，明显熔盐电解法在铁锰分离上比传统的磁性分离法效果更好。

（3）$AlCl_3$ 氯化后的钒铬熔盐，通过共沉积制备钒铬合金。800℃，电解电压为 2.8V，$VCl_3/CrCl_3$ 质量比为 2∶1 时，电解得到产品为 VCr 合金和 V_2O_3。$VCl_3/CrCl_3$ 质量比为 1∶6 时，电解得到产品为 Cr 合金和 V_2O_3。$VCl_3/CrCl_3$ 质量比为 1∶9 时，电解得到产品为金属 Cr。$VCl_3/CrCl_3$ 质量比为 1∶9 的产品中 V、Cr 和 O 的质量分数分别为 3.71%、94.28% 和 2.01%。

（4）$AlCl_3$ 直接氯化钒渣后得到含有 $FeCl_2$、$FeCl_3$、$MnCl_2$、VCl_3、$CrCl_3$ 等混合熔盐。升高温度，降低样品/熔盐比例可以降低沉积产品中的杂质 Al_2O_3 的含量。电解电压为 2.3V 时，沉积产品为 Fe-V-Cr 合金；电解电压为 3V 时，沉积产品为 Fe-Cr-V-Mn 合金，形貌为立方体，尺寸大小为 20μm，通过控制电压可以实现 Mn 与 Fe、Cr 和 V 的分离。

（5）以纯物质 $TiCl_4$ 和 $AlCl_3$ 为原料，通过水解法分离并制备了金红石 TiO_2，通过添加盐酸和异丙醇制备了不同纯度和形貌的金红石 TiO_2 颗粒。随着盐酸浓度的增加，降低了金红石 TiO_2 中 Al 和 Cl 的含量，当盐酸浓度由 0 增加到

0.5mol/L 时，Al 和 Cl 的含量分别由 5.04%、3.30%降低到 0.68%、0.59%，颗粒的分散性明显改善。随着异丙醇浓度的增加，颗粒的聚集程度增加，金红石为明显不规则的块体。在盐酸和异丙醇的共同作用下，生成了球形的金红石 TiO_2 颗粒。当盐酸和异丙醇的浓度分别为 0.5mol/L、1mol/L 时，获得了分散均匀的球形金红石 TiO_2 颗粒，单球直径约为 4μm，且比表面积达到 202m²/g。热分析结果表明，制备的金红石 TiO_2 具有良好的热稳定性，煅烧能够改善金红石 TiO_2 的结晶性。25℃下，2000mg/L 重金属 Cr(Ⅵ) 溶液的吸附实验表明，制备的金红石 TiO_2 粉体具有良好的吸附性能，吸附容量达到 28.9mg/g。

7 尾渣的无害化利用

<<<<<<<<<<<<<<<<<<<<<<<<<<<<<<<<<<<<<<<<<<<<<<<<<<<<<<<<<<

作者提出了选择性氯化法提取钒渣中的有价元素，在熔盐条件下对钒渣中有价元素铁、锰、钒、铬、钛等进行了利用。尾渣主要组成为 $NaCl$、KCl、Al_2O_3 和 SiO_2。其中，Al_2O_3 和 SiO_2 是莫来石质耐火材料的主要原料，合成此类耐火材料将是尾渣处理的一个有效途径。

常见的莫来石其化学计量比主要是 $3Al_2O_3 \cdot 2SiO_2$。目前，商业化生产的莫来石称为 3/2 莫来石，3/2 莫来石是一种不含玻璃（石英）相的莫来石，在高温下可以获得更加优异的力学性能，它是由 71%~76%（质量分数）Al_2O_3 和 23%~24% SiO_2 组成的固溶体。可以加入少量烧结助剂，如 TiO_2、Fe_2O_3、CaO、MgO 等控制烧结温度。随着化学计量比成分的变化，会有玻璃相形成从而导致力学性能的降低。莫来石因其适用于光学、电子和高温结构应用而成为一种重要的材料。莫来石陶瓷广泛应用于瓷器、陶器、白器、水泥制造、玻璃生产、耐火材料、窑板、高温反应器内衬等。

莫来石在各领域的应用增加了研究者利用多种合成方法对莫来石及莫来石基复合材料进行广泛研究的兴趣。因为在自然界中含量稀少，现存的莫来石是人工合成的，温度在莫来石制备过程中起着至关重要的作用，合成莫来石可采用不同的加工方法，如烧结法、熔融法、溶胶凝胶法、化学气相沉积和熔盐法等。

7.1 通过熔盐法将尾渣合成莫来石-刚玉复合材料

目前，熔盐法制备的莫来石的铝源主要是高纯 $Al_2(SO_4)_3$，熔盐成分主要是 Na_2SO_4，虽然不会在体系中产生杂质，但 Na_2SO_4 的熔点为 884℃，熔点较高，Na_2SO_4 和 $Al_2(SO_4)_3$ 价格相对高，反应过程中会产生有毒废气 SO_3。因此，寻找新的熔盐体系和铝源合成莫来石是非常有必要的。

本书研究 NaCl-KCl 熔盐条件下，在尾渣中加入 $Al(OH)_3$ 以合成莫来石的形式去除杂质相 SiO_2。同时实现了低温下合成莫来石-刚玉复合材料。

7.1.1 Al(OH)₃添加量的影响

由图 7-1 可知，尾渣中含有 SiO_2 杂质，针对尾渣中存在的 Al_2O_3，其可能来

源于原始钒渣中的 Al_2O_3，因其不是新生成的，所以其反应活性低，无法与 SiO_2 生成莫来石。为去除杂质，采用添加铝源以促进 Al_2O_3 和 SiO_2 结合成莫来石的方式去除 SiO_2 杂质。

实验采用 NaCl-KCl 为熔盐体系，若以 $Al_2(SO_4)_3$ 为铝源时，反应过程中会产生 SO_3 废气，也会引入 SO_4^{2-} 杂质；而以 $Al(OH)_3$ 为铝源，根据 $Al(OH)_3$ 的分解式（7-1），使用 FactSage 8.1 进行热力学计算，如图 7-1 所示，$Al(OH)_3$ 在低温下就可以分解成 Al_2O_3 和 H_2O，产物不会污染环境，也不会在反应体系中引入其他杂质元素；同时，$Al(OH)_3$ 比 $Al_2(SO_4)_3$ 价格更便宜。综上，决定使用 $Al(OH)_3$ 为铝源进行实验。

$$Al(OH)_3 === 0.5Al_2O_3 + 1.5H_2O \tag{7-1}$$

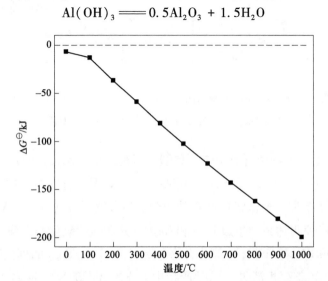

图 7-1　不同温度下 $Al(OH)_3$ 分解反应的吉布斯自由能影响

$Al(OH)_3$ 含量变化对合成样品物相的影响如图 7-2 所示。在 900℃ 的熔盐条件下，随着 $Al(OH)_3$ 添加量的不断增加，体系中 SiO_2 的峰值不断降低，当体系中 Al_2O_3/SiO_2 的理论摩尔比达到 2.5 时，体系中 SiO_2 的峰消失，产物中只有莫来石和刚玉相两相。而当该比值达到 3 时，由于 $Al(OH)_3$ 过量，体系中莫来石相消失，产物变成 Al_2O_3 和 $KNa_3(AlSiO_4)_4$。

$Al(OH)_3$ 分解出反应活性较高的 Al_2O_3，Al_2O_3 分子会在熔盐液相中有一定的溶解度。而 SiO_2 在液相中也有一定的溶解度，所以 Al_2O_3 会与 SiO_2 在液相中发生反应（7-2），生成莫来石（$3Al_2O_3 \cdot 2SiO_2$）沉淀，随着反应的不断进行，液相中 SiO_2 的不断消耗，固相的 SiO_2 不断溶入液相，直至 SiO_2 反应完全，体系中检测不到 SiO_2 的相，又因为整个体系中 Al_2O_3 是过量的，因此，在 SiO_2 完全

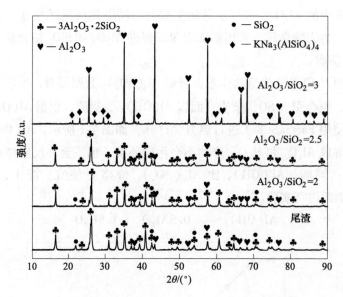

图 7-2　Al_2O_3/SiO_2 的摩尔比分别为 2、2.5 和 3 时的产物 XRD 图

和浸出渣（Al_2O_3/SiO_2 摩尔比为 1.64）XRD 图

转变为莫来石时，产物中含有莫来石和刚玉两相；而当 Al_2O_3/SiO_2 的理论摩尔比达到 3 时，产物只有 Al_2O_3 和 $KNa_3(AlSiO_4)_4$。当体系中存在过多的 $Al(OH)_3$ 时，根据 Lux-Flood 模型，$Al(OH)_3$ 在熔盐中会发生分解反应（7-3），$Al(OH)_3$ 会提供足够多的 O^{2-} 使得体系中生成 K_2O 和 Na_2O，这些碱性氧化物会和莫来石发生反应（7-4）生成 $KNa_3(AlSiO_4)_4$ 等化合物。所以当 Al_2O_3/SiO_2 的理论摩尔比达到 3 时，产物中的莫来石相消失，同时产物中有 $KNa_3(AlSiO_4)_4$ 生成。而在 Al_2O_3/SiO_2 的理论摩尔比小于 3 时，由于 $Al(OH)_3$ 量不够，导致 O^{2-} 含量较少，不足以在局部形成 K_2O 和 Na_2O，从而避免了 $KNa_3(AlSiO_4)_4$ 等化合物的形成。

$$3Al_2O_3(l) + 2SiO_2(l) =\!=\!= 3Al_2O_3 \cdot 2SiO_2(s) \qquad (7\text{-}2)$$

$$2Al(OH)_3 =\!=\!= 3H_2O + 2O^{2-} + Al_2O^{4+} \qquad (7\text{-}3)$$

$$2(3Al_2O_3 \cdot 2SiO_2) + 0.5K_2O + 1.5Na_2O =\!=\!= KNa_3(AlSiO_4)_4 + 4Al_2O_3 \qquad (7\text{-}4)$$

图 7-3 所示为添加不同 $Al(OH)_3$ 量时形成的产品的 SEM 图。从图 7-3 可以看出，产物相多以团聚状的形态存在，但是在高倍数的电镜下观察样品形貌，在摩尔比为 2 时（见图 7-3（a）），产物是由各种无规则的形貌组成的，这可能是因为体系中存在莫来石、Al_2O_3 和 SiO_2 颗粒，这些物相构成一个复杂的体系导致产物中出现不规则的形貌；而当摩尔比为 2.5 时（见图 7-3（b）），可以看到产物形貌主要是针状，这是因为体系中只存在了莫来石和刚玉两相且主要以莫来石

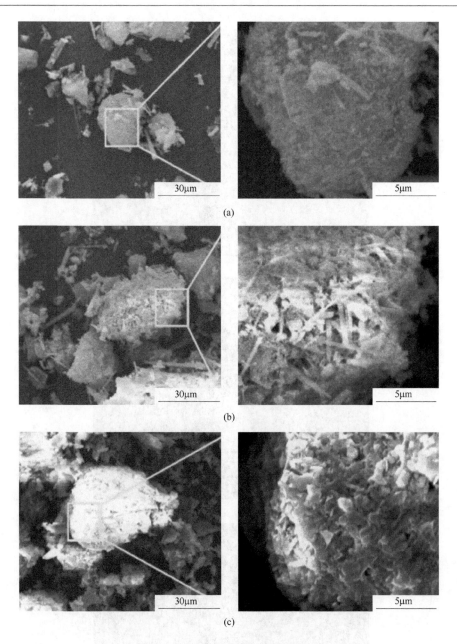

图 7-3 Al_2O_3/SiO_2 摩尔比的 SEM 图

(a) 2；(b) 2.5；(c) 3

相为主，所以整个体系中成分较为均匀。图 7-4 所示为反应产物 EDS 元素分布，从图中可以看出只有当摩尔比为 2.5 时的元素 Si 和产物中的其他杂质元素没有产生富集，只有 Al 有部分富集，可知富集的部分为 Al_2O_3，通过 EDS 图也可以验

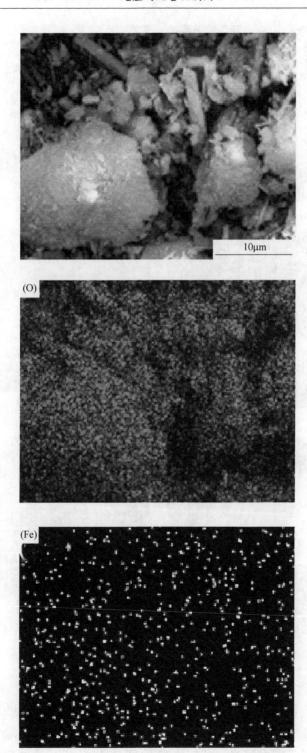

(O)

(Fe)

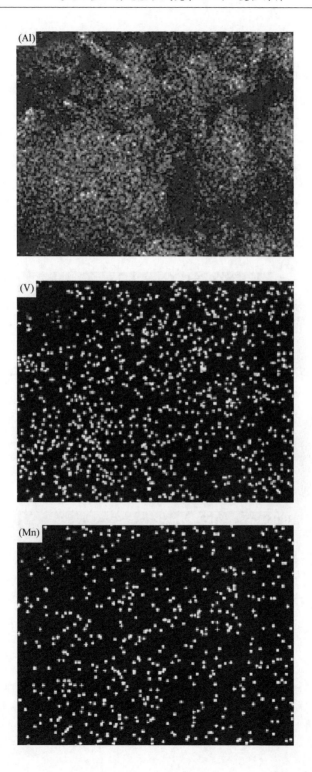

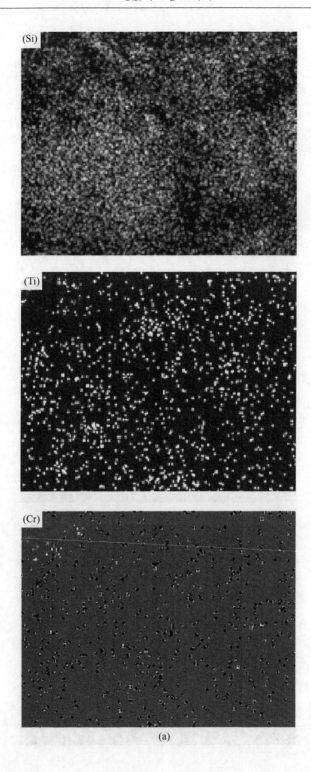

(a)

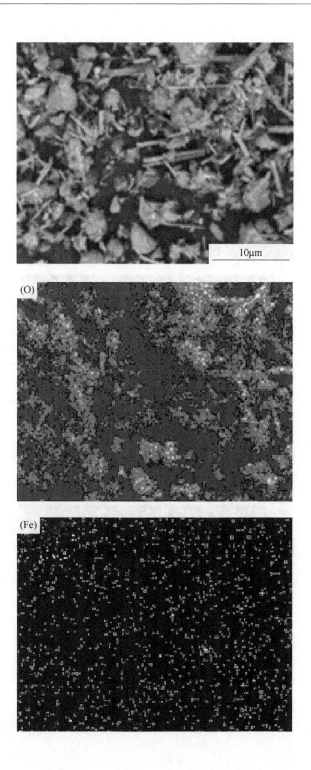

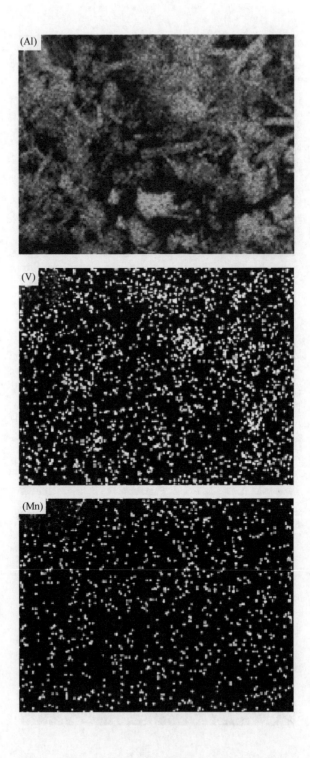

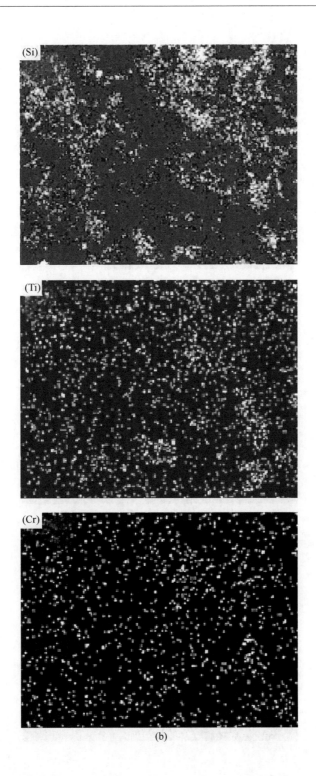

(b)

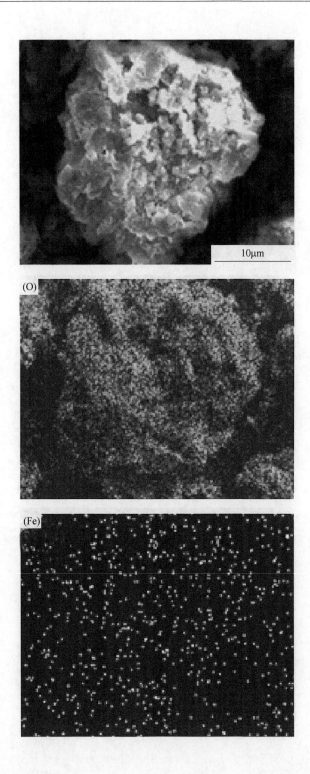

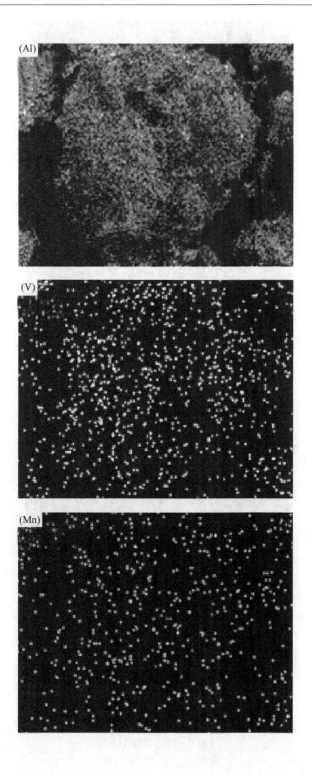

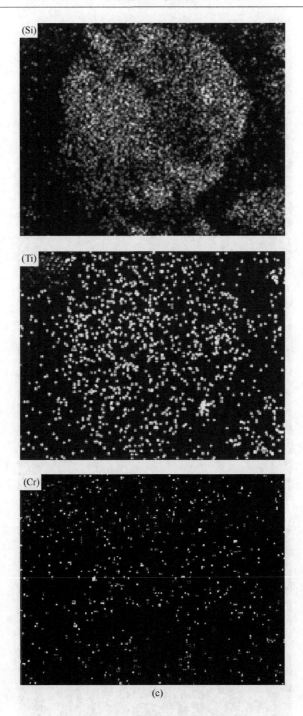

图 7-4　Al_2O_3/SiO_2 摩尔比的 EDS 图

(a) 3；(b) 2.5；(c) 2

证产物中只有莫来石和 Al_2O_3 相；在摩尔比为 3 时（见图 7-3（c）），产物主要是以氧化铝和 $KNa_3(AlSiO_4)_4$ 组成的，因此可以看到，产物中针状的样品已经消失了，取而代之是出现各种片状颗粒的样品。

因此，当添加 $Al(OH)_3$ 至理论摩尔比为 2.5 时，既可以去除杂质 SiO_2，又可以避免 $KNa_3(AlSiO_4)_4$ 的产生。

7.1.2　温度的影响

图 7-5 所示为不同温度下的产物 XRD 图谱，从图中可以看出，当反应温度分别为 500℃、600℃ 和 700℃ 时，产物主要为莫来石、Al_2O_3 和 SiO_2，这表明 $Al(OH)_3$ 已经完全分解成 Al_2O_3 和 H_2O，但产物中仍然有 SiO_2；当温度升到 900℃ 后，可以很明显看到，在 22°左右的 SiO_2 的峰已消失，只含有莫来石和 Al_2O_3 的峰，且产物中莫来石为主晶相。这是因为在 600℃ 的时候，反应温度过低，熔盐尚未形成液相（熔点为 657℃），导致 $Al(OH)_3$ 和 SiO_2 合成莫来石的反应为固-固反应，温度过低反应难以顺利进行；而当温度为 700℃ 时，产物中仍有 SiO_2 的存在，这可能是由于温度过低，化学反应未彻底发生，因此产物中仍然含有杂质 SiO_2；当温度升到 900℃ 后，此时化学反应已经彻底发生了，产物中杂质 SiO_2 被去除。

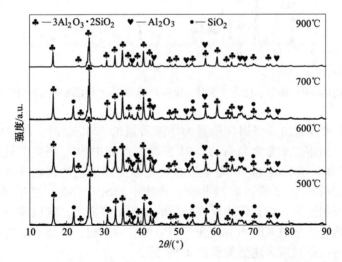

图 7-5　Al_2O_3/SiO_2 的摩尔比为 2.5 时，不同温度对产物物相的影响

因此，以尾渣和 $Al(OH)_3$ 为原料在 NaCl-KCl 熔盐体系中进行反应去除 SiO_2 以合成莫来石-刚玉复合材料的最佳温度为 900℃。

7.1.3　熔盐含量的影响

在 NaCl-KCl 熔盐体系中采用 Al(OH)$_3$ 和 SiO$_2$ 进行反应以合成莫来石时，NaCl-KCl 的作用主要是为反应提供液相反应介质，以便加速反应的顺利进行，因此熔盐的用量不能太少，否则难以起到反应介质的作用，但是用量太多，也有可能造成反应物有效浓度的降低，延长了反应时间，降低反应效率，且熔盐过多会造成最终分离的困难，造成资源浪费，因此需要探究最佳的熔盐用量。Al$_2$O$_3$/SiO$_2$ 的摩尔比为 2.5 时，反应时间为 2h，不同熔盐比例对产物的影响，如图 7-6 所示。

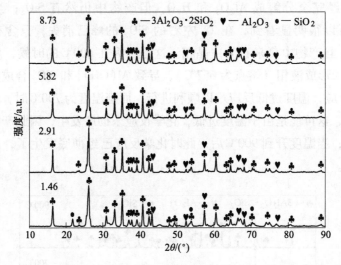

图 7-6　Al$_2$O$_3$/SiO$_2$ 的摩尔比为 2.5 时，反应时间为 2h，不同熔盐比例对产物的影响

由图 7-6 可以看出，当熔盐质量为尾渣质量的 1.46 倍时，产物中仍有 SiO$_2$ 粉体的存在。当熔盐质量为原料的 2.91 倍时，产物中 SiO$_2$ 消失，只有莫来石和 Al$_2$O$_3$ 两种晶体，这表明此时的熔盐液相量足以支撑反应的彻底进行；而当熔盐质量分别为原料的 5.82 倍和 8.73 倍时，产物中无 SiO$_2$ 存在。这是因为当熔盐用量过低时，液相过少，熔盐作为反应介质的作用不够突出，难以保证反应的顺利进行，而当熔盐质量过多时不会改变产物中现有的晶相，且会造成资源浪费，因此，最佳的熔盐质量应为尾渣质量的 2.91 倍。

7.1.4　时间的影响

为探究时间对 Al(OH)$_3$ 和 SiO$_2$ 合成莫来石的影响，特别针对不同反应时间进行实验，结果如图 7-7 所示。

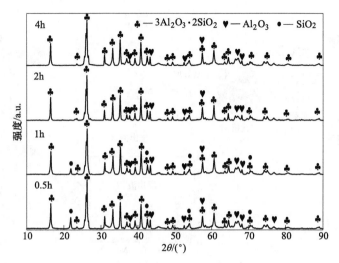

图 7-7　在 900℃ 下，Al_2O_3/SiO_2 的摩尔比为 2.5 时，
不同反应时间对产物物相的影响

当反应时间 0.5h 和 1h 时，产物中的 SiO_2 难以去除，即 $Al(OH)_3$ 和 SiO_2 合成莫来石的反应不能彻底发生，但从图 7-7 中可以看出，随着反应时间的增加，SiO_2 的峰在不断减小，直至反应时间为 2h 后，SiO_2 的峰消失，这表明反应时间为 2h 时即可使 $Al(OH)_3$ 和 SiO_2 在熔盐中彻底合成莫来石，当反应时间为 4h 时，其产物图与 2h 时的产物图相近，并未产生明显变化，为了节约能源并节省时间，最佳反应时间为 2h。

7.2　高温反应合成莫来石实现钒渣氯化残渣无毒高效利用

钒渣是一种重要的含危险和重金属元素的复杂多金属资源（Cr，V，Mn）。采用氯化法从钒渣中提取有价元素（Ti，Cr，Fe，Mn，V）得到的浸出渣成分主要为 Al_2O_3 和 SiO_2，含有少量的有害元素 Cr 和 V。Al_2O_3 和 SiO_2 是莫来石的主要原料。作者提出了一种无毒、高效回收浸出渣的新方法。以浸出渣为原料，加入适当的 SiO_2 合成纯相莫来石，以固溶体的形式将钒铬稳定在莫来石中。这种新方法不仅实现了钒渣的综合利用，而且实现了有害物质的无害化。

在以钒渣为原料合成莫来石时，过程如图 7-8 所示。残渣的组成见表 7-1。从图 7-9 可以看出，浸出渣的主要成分为 Al_2O_3 和 SiO_2，浸出渣的主要物相为莫来石、Al_2O_3 和 SiO_2。

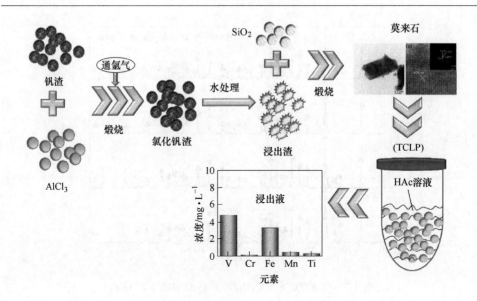

图 7-8　固相烧结莫来石稳定有害元素实验流程

表 7-1　浸出渣主要成分　　　　　　　　　　　　（%）

成分	$w(Al_2O_3)$	$w(SiO_2)$	$w(TiO_2)$	$w(V_2O_3)$	$w(Cr_2O_3)$	$w(MnO)$	$w(Cl)$	$w(Fe_2O_3)$
含量（质量分数）	69.90	24.20	2.75	1.56	0.12	0.017	0.54	0.16

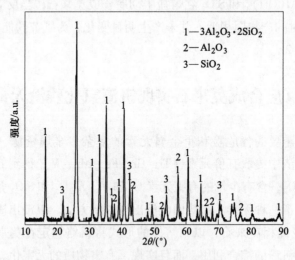

图 7-9　浸出渣的 XRD 图谱

7.2.1　合成莫来石的热力学分析

图 7-10（a）所示为 FactSage 8.1 热力学计算软件计算得到的 Al_2O_3 和 SiO_2

二元体系的部分相图,由图可知,成分比例和温度对二元体系的相组成有很大的影响。根据相的不同,当图 7-10 (a) 中 Al_2O_3 和 SiO_2 的质量比从 2 增加到 3,温度从 1400℃增加到 1650℃时,图中共有 5 个区域。其中一个区域可以获得纯粹的莫来石相。因此,为了制备高纯莫来石,需要严格控制 Al_2O_3 和 SiO_2 合成时的温度和质量比。浸出渣中 Al_2O_3 和 SiO_2 的原始质量比为 2.8,在 1400~1650℃ 的温度范围内将得到唯一的莫来石相。

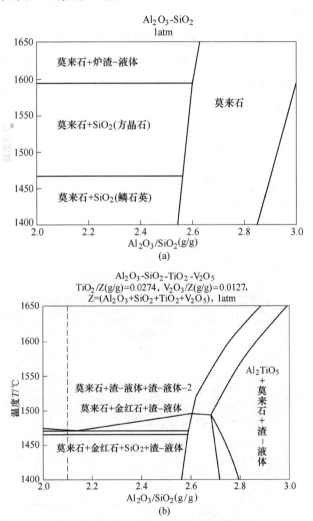

图 7-10　不同条件下的不同氧化物的相组成

(a) $Al_2O_3 + SiO_2$;(b) $Al_2O_3 + SiO_2 + TiO_2 + V_2O_5$

在本方法中,除 Al_2O_3 和 SiO_2 外,原料中还含有一定量的 V_2O_5 和 TiO_2。根

据 V、Ti、Al 和 Si 的质量比，用 FactSage 8.1 计算了一定的 TiO_2 和 V_2O_5 含量下 Al_2O_3 和 SiO_2 的相图。结果如图 7-10（b）所示。根据相的不同，图 7-10（b）中 Al_2O_3 和 SiO_2 的质量比从 2 增加到 3，温度从 1400℃增加到 1650℃时，共有 9 个区域。浸出渣中铝硅比的原始质量比为 2.8。根据图 7-10（b），将得到 Al_2TiO_5、莫来石和渣液。但是，改变 Al_2O_3 和 SiO_2 的质量比也可以得到不含 Al_2TiO_5 的莫来石和液态渣。当 Al_2O_3 和 SiO_2 质量比为 2.1 时，在 1500℃以上得到莫来石、渣-液体和渣-液体-2。

由图 7-11 可知，在 FactSage 8.1 计算的铝硅质量比为 2.1 时，各相含量随温度变化范围为 1400~1650℃。在 1400~1650℃温度范围内，莫来石含量由 90.28% 下降到 77.98%，渣-液体含量由 2.92% 上升到 20.00%。当温度超过 1500℃时，

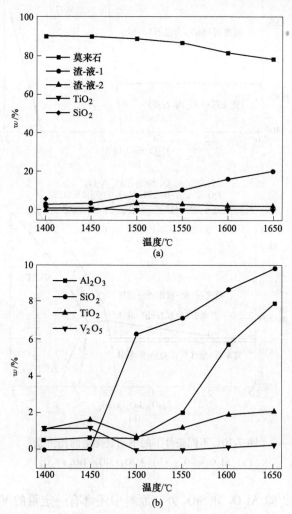

（a）

（b）

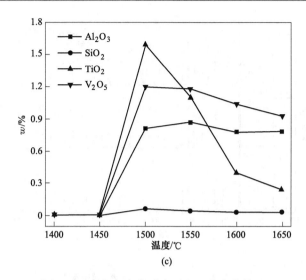

图 7-11　各相与各物质含量和温度变化情况

（a）在 Al_2O_3/SiO_2 质量比为 2.1 时各个相含量变化；（b）渣-液体中各物质含量随温度变化情况；

（c）渣-液体-2 中各物质含量随温度变化情况

TiO_2 和 SiO_2 相消失。图 7-11（b）和图 7-11（c）分别表示渣-液体相和渣-液体-2 相的组成。温度对渣液相组成有很大影响。1400℃和1450℃时，渣-液体相主要成分为 Al_2O_3、TiO_2 和 V_2O_5。但在 1500℃以上，渣-液体相的主要成分为 Al_2O_3、TiO_2 和 SiO_2。渣-液体-2 相在 1450℃以下不出现。渣-液体-2 相的主要成分为 1500℃以上的 Al_2O_3、TiO_2 和 V_2O_5。为了从浸出渣中合成莫来石，应该严格控制反应温度和 Al_2O_3/SiO_2 质量比。

7.2.2　不同因素对合成莫来石的影响

7.2.2.1　Al_2O_3 和 SiO_2 质量比的影响

为了探究不同比例的 Al_2O_3 和 SiO_2 的影响，在浸出渣中加入不同质量的 SiO_2，将 Al_2O_3 和 SiO_2 的质量比分别调整为 2.80、2.55 和 2.1。样品在 1600℃下焙烧 5h，结果如图 7-12 所示。当 Al_2O_3 和 SiO_2 的质量比分别为 2.80 和 2.55 时，产物中的物相主要为莫来石和 Al_2O_3。随着 Al_2O_3 和 SiO_2 质量比的降低，Al_2O_3 的衍射峰不断降低。当 Al_2O_3 和 SiO_2 的质量比调整为 2.1 时，可以看出没有 Al_2O_3 的峰，合成了纯相莫来石。根据图 7-10（a）中的 Al_2O_3-SiO_2 二元相图，当 Al_2O_3-SiO_2 质量比为 2.1 时，合成的化合物对应于莫来石和渣-液体相。浸出渣中不仅含有 Al_2O_3 和 SiO_2，还含有部分 TiO_2 和 V_2O_5。在莫来石中可以掺杂 TiO_2 和 V_2O_5。同时，由图 7-10（b）可知，当 Al_2O_3 和 SiO_2 质量比为 2.1 时，得到莫

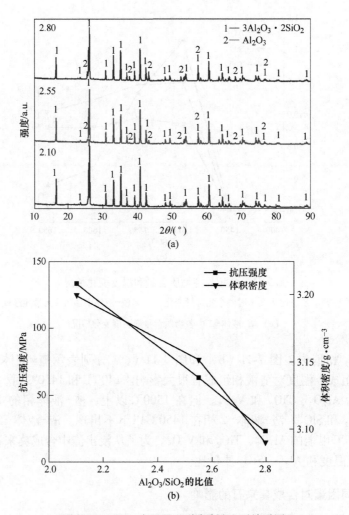

图 7-12 Al_2O_3 与 SiO_2 不同质量比下关系图

(a) 当温度为 1600℃时，不同的 Al_2O_3 和 SiO_2 质量比下合成莫来石的 XRD 图谱；

(b) 不同的 Al_2O_3/SiO_2 质量比对抗压强度和体积密度的影响

来石和渣-液体相。在 FactSage 8.1 软件中，没有 V、Ti、Cr 等元素掺杂到莫来石相中的数据库。然而，在焙烧过程中，V、Ti、Cr 等元素可以掺杂到莫来石晶格中。文献报道，Ti^{4+} 和 V^{5+} 在莫来石八面体配位上取代了 Al^{3+}，导致浸出渣中 Al_2O_3 过量。根据 Al_2O_3 和 SiO_2 二元相图，当铝硅比质量比为 2.8 时，可以形成纯的莫来石相。但根据实验结果，浸出渣中加入 SiO_2 可以合成出纯相的莫来石，这也证明了 V 和 Ti 在莫来石中取代了 Al。从图 7-12（b）可以看出，随着铝硅比质量比的减小，产物的体积密度和抗压强度不断增大。当铝硅质量比为 2.1 时，产物的体积密度（3.2001g/cm^3）和抗压强度（133.345MPa）达到最大值。当物相不纯时，产物中含有莫来石和 Al$_2$O$_3$，Al$_2$O$_3$ 的线膨胀系数（8.6×10^{-6}~9.5×10^{-6}/K）与莫来石的线膨胀系数（4.5×10^{-6}~5.7×10^{-6}/K）不同，导致冷却过程中收缩不均匀，产生残余应力，难以致密化。随着质量比的减小，产物中莫来石的含量不断增加。当莫来石为纯相时，产物组成更加均匀，冷却过程中残余应力消失，产物更加致密，抗压强度提高。因此，铝硅的最佳质量比为 2.1。

图 7-13 中 a$_1$、a$_2$、b$_1$、b$_2$、c$_1$ 和 c$_2$ 显示了不同 Al$_2$O$_3$ 和 SiO$_2$ 质量比样品的SEM 图。如图 7-13 中 a$_1$ 所示，未添加 SiO$_2$ 的浸出渣在其表面形成多级孔道形貌，有许多大尺寸的孔洞，孔与孔之间明显相连通，平均孔径在 50.5μm 左右，晶粒较小。当铝硅比质量比为 2.1 时，图 7-13 中 b$_1$ 中孔径降至 35.4μm。这说明合成纯莫来石能有效提高样品的致密度。图 7-13 中 a$_2$、b$_2$ 和 c$_2$ 表明，含有Al$_2$O$_3$ 相的莫来石几乎呈现烧结形貌，这与莫来石的典型晶粒形貌完全不符。莫来石的晶粒形貌是由莫来石的各向异性结晶行为引起的。

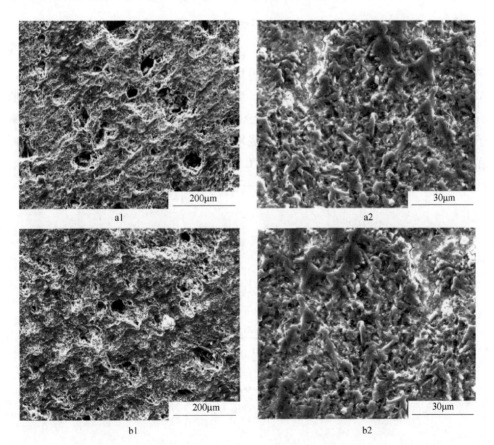

a1　　　　　　　　　　　　　　　a2

b1　　　　　　　　　　　　　　　b2

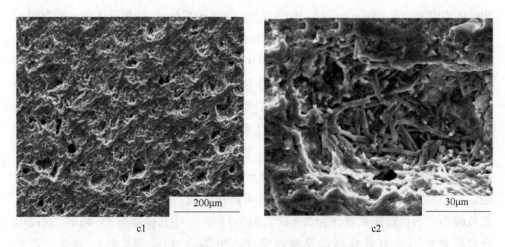

图 7-13　当温度为 1600℃，反应时间为 5h 时，

不同的 Al_2O_3 和 SiO_2 质量比下合成莫来石的 SEM 图谱

a_1，a_2—2.80；b_1，b_2—2.55；c_1，c_2—2.10

7.2.2.2　温度和时间对合成莫来石的影响

当 Al_2O_3 和 SiO_2 的质量比调整为 2.1 时，不同反应温度和时间下所得产物的物相如图 7-14 所示。在 1400℃ 和 1500℃ 合成的产物主要为莫来石和 Al_2O_3，Al_2O_3 的衍射峰随着温度的升高而降低。当温度升高到 1600℃ 时，合成了纯莫来石，相中未检测到 Al_2O_3 的衍射峰。由于反应类型以固-固反应为主，Si 和 Al 原子的扩散速度较慢，需要在高温下完成接触和反应。从图7-14（a）可以看出，在 1600℃ 时得到的产物衍射峰较 1400℃ 和 1500℃ 时窄且尖锐，说明产物结晶度

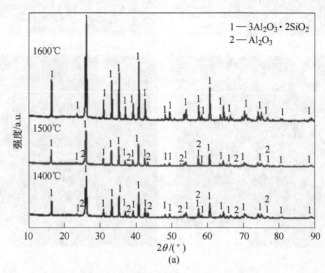

(a)

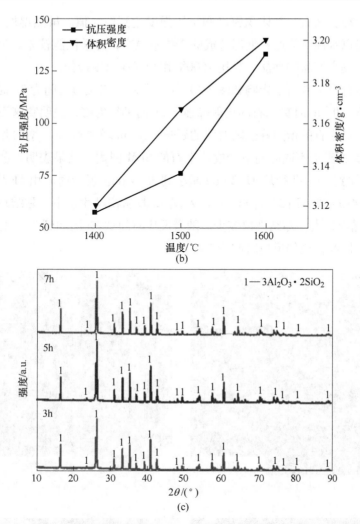

图 7-14　Al_2O_3 和 SiO_2 质量比为 2.1 时，不同温度下合成莫来石的 XRD 图谱

（a）当 Al_2O_3 和 SiO_2 质量比为 2.1 时，不同的温度下合成莫来石的 XRD 图谱；

（b）不同的温度对抗压强度和体积密度的影响；（c）当 Al_2O_3 和 SiO_2 质量比为 2.1 时，

不同的时间下合成莫来石的 XRD 图谱（1600℃）

较好。当反应温度为 1600℃时，烧结驱动力增大，残余空隙减少，促进莫来石晶粒的快速长大。从图 7-14（b）中可以看出，随着温度的升高，产物的体积密度和抗压强度增大。当温度达到 1600℃时，产物的体积密度和抗压强度达到最大值。这表明高温可以促进合成反应的正向进行。同时，随着温度的升高，液相也逐渐增多，减少了产物中残留的空隙，促进了莫来石晶粒的快速长大和产物的致密化。纯莫来石使产物成分更加均匀，减少了产生裂纹的可能性。在 1600℃下合成的产物为纯莫来石，其体积密度和抗压强度达到最大值。虽然温度相对较高，但可以看出以水浸渣为原料低温合成的产物不纯净，力学性能较差。为了保证产品的纯度，提高产品的性能，采用1600℃作为反应温度最佳。

时间对合成莫来石的影响如图7-14（c）所示。当反应时间为3h时，可以合成纯莫来石。但5h时莫来石的衍射峰强于3h时的衍射峰，说明莫来石结晶度增加。但是，莫来石的衍射峰强随时间的延长（从5h增加到7h）增加并不明显。

图7-15给出了不同时间下合成莫来石的SEM图谱。结果表明，随着反应时间从3h增加到5h，孔径从41.29μm减小到35.4μm。反应时间由5h增加到7h，孔径由35.4μm减小到34.5μm。同时发现3h时晶粒尺寸较小，黏结现象较为严重。5h时晶粒粗大，黏结现象较少。随着反应时间从5h增加到7h，孔径和形貌变化不大。因此，最佳反应时间为5h。

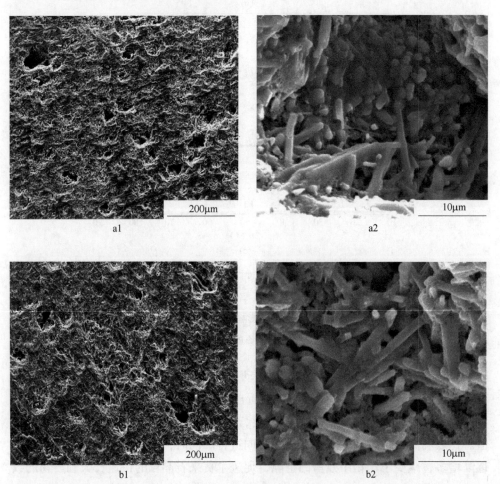

a1　　　　　　　　　　　　　　　　　　　a2

b1　　　　　　　　　　　　　　　　　　　b2

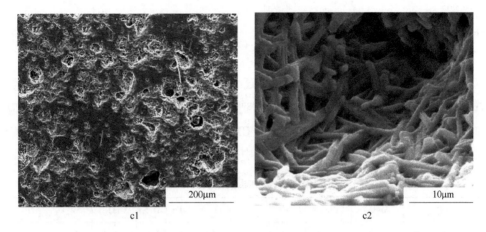

图 7-15 当温度为 1600℃，Al_2O_3 和 SiO_2 质量比为 2.1 时，

不同的时间下合成莫来石的 SEM 图谱

a_1，a_2—3h；b_1，b_2—5h；c_1，c_2—7h

7.2.2.3 合成莫来石力学性能比较

莫来石中的孔隙、主晶相、玻璃泊松等结构因素可以通过抑制或诱导微裂纹而对材料的机械强度产生影响。表 7-2 列出了本方法和文献中莫来石的抗压强度和体积密度的比较。本书合成的纯相莫来石具有比文献中莫来石更好的抗压强度和更高的体积密度。

表 7-2 本书合成的莫来石的抗压强度和体积密度与文献报道结果对比

原材料	温度/℃	时间/h	抗压强度/MPa	体积密度/g·cm⁻³	参考文献
钒渣	1600	5	133.35	3.20	—
药品	1500	2	108		[120]
高铝粉煤灰	1600	2		2.85	[121]
药品	1500	5	11.68	0.7	[122]
高铝粉煤灰	1600	2	169	2.78	[123]
药品	1700	6	178	2.77	[124]
药品	1550	2		3.16	[125]
高铁铝土矿	1700	2	105		[126]

这是因为浸出渣中的微量元素 Ti 和 V 在高温下形成部分液相，进入裂纹，促进莫来石的致密化。同时，根据上述分析，本方法得到的莫来石为纯相，表面致密。鉴于样品压制压力仅为 20MPa，可以认为该原料在高温条件下具有良好的结合性能。

7.2.3 合成莫来石的毒性鉴定

7.2.3.1 纯相莫来石对杂质离子 Cr、V、Ti 等的稳定作用

表 7-3 显示，合成的纯相莫来石中还含有少量的杂质氧化物（V_2O_5，Cr_2O_3，TiO_2，MnO，Fe_2O_3）。然而，Cl^- 未检测到。这是因为浸出渣中的 Cl^- 在高温反应过程中被挥发出去。因此，莫来石中的 Cl^- 被去除。众所周知，高价态的 V 和 Cr 对环境有害。因此，有必要测定莫来石中杂质氧化物的价态和分布。

表 7-3　合成纯相莫来石的成分　　　　　　　　　（%）

成分	Al_2O_3	SiO_2	TiO_2	V_2O_5	Fe_2O_3	MnO	Cr_2O_3	Cl^-
含量（质量分数）	63.6	31.3	2.43	1.14	0.255	0.0214	0.163	—

注："—"表示未被检测到。

从图 7-16 中的 EDS 谱图可知，元素 Cr、Mn、V、Ti 均匀分布在莫来石相中，与元素 Al、Si 的分布一致，说明金属离子（V，Ti，Cr，Mn 和 Fe）成功进入莫来石晶格形成固溶体。用 XPS 分析了莫来石中 V 和 Ti 的价态。由图 7-17 可知，莫来石中 V 和 Ti 分别以 V^{5+} 和 Ti^{4+} 的形式存在。V2p2/3 的结合能为 524.38eV 且 V2p1/2 的结合能为 516.88eV 可以归因于钒以 V^{5+} 存在，Ti2p2/3 的结合能为 464.5eV 且 Ti2p1/2 的结合能为 458.8eV 可以归因于钛以 Ti^{4+} 存在。Ti^{4+}（60.5pm）和 V^{5+}（59pm）的离子半径大于 Al^{3+}（53.5pm）的离子半径。固溶体的形成机理是 V 和 Ti 元素对分布在莫来石晶格八面体中的 Al 的均匀等效置换。V^{5+} 和 Ti^{4+} 的半径与 Al^{3+} 的半径相近，这也是它们容易形成固溶体八面体配位的原因。以此可以证明莫来石中的微量杂质元素稳定在莫来石相。

图 7-18 给出了掺杂微量元素合成纯相莫来石的 TEM 分析。莫来石的晶体结构大致呈柱状，选区电子衍射（SAED）中可见典型的正交结构。莫来石的生长方向为（2，1，0）取向。通过与 SAED 的比较，合成了 Al/Si 摩尔比为 3∶1 的单晶莫来石。莫来石晶体结构不是规则柱状的原因是浸出渣中金属元素（V，Ti，Cr，Mn 和 Fe）的掺杂作用。由于 V^{5+} 和 Ti^{4+} 的半径比 Al^{3+} 的半径大，因此在掺杂过程中形貌略有变形。

根据高分辨透射电镜（HRTEM）图像，样品的晶面间距为 0.34nm，对应（2，1，0）晶面。但纯物质合成的样品晶面间距约为 0.531nm。晶面间距的变化表明微量元素已成功掺杂到莫来石相中。晶体间距越小，相邻晶面面吸引越大，晶体将朝着这个方向快速生长，迅速生长的晶体将形成更多的晶核。这样就会形成许多不规则的晶粒。以上就是微量元素掺杂到莫来石晶体中的生长行为。

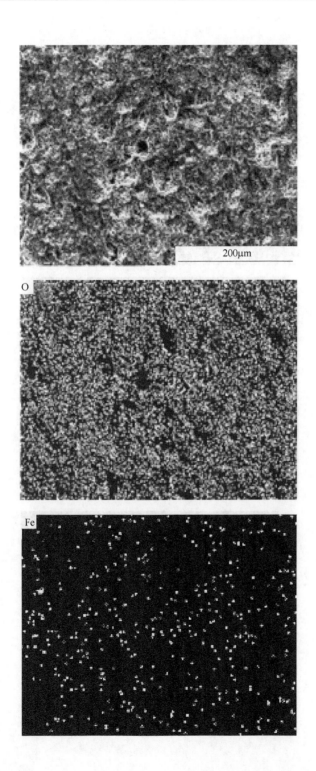

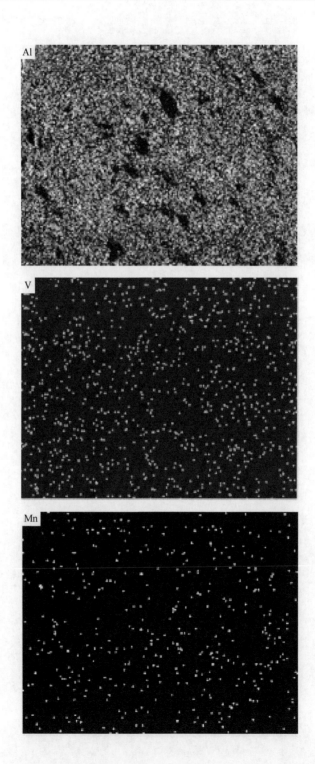

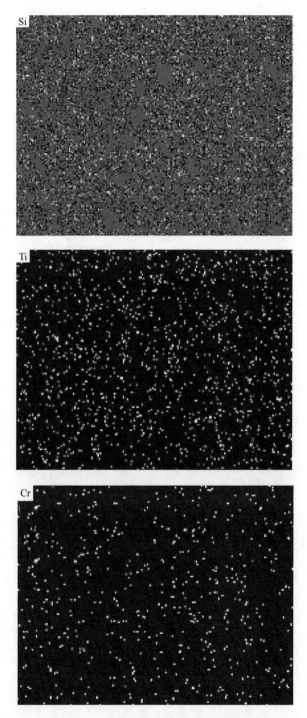

图 7-16 纯相莫来石的 EDS 元素分布

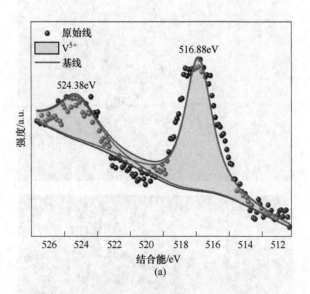

(a)

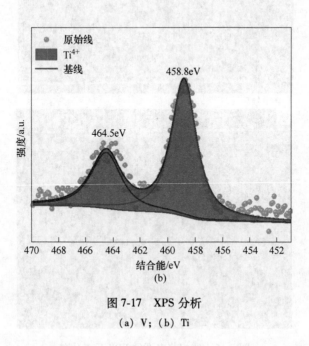

(b)

图 7-17　XPS 分析

(a) V；(b) Ti

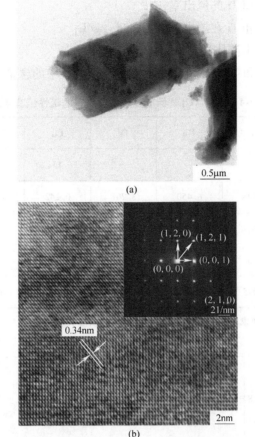

图 7-18 当 Al_2O_3/SiO_2 质量比为 2.1 时，在 1600℃焙烧 5h 的 TEM 图谱

（a）莫来石的 TEM 图谱；（b）莫来石的 TEM 晶格条纹图和 SAED 图谱

7.2.3.2 合成莫来石的浸出毒性鉴定

根据以上分析，纯莫来石中的有害元素 V 以 V^{5+} 的形式存在。如果有害元素 V、Cr、Mn 不能稳定进入莫来石相，会对环境造成危害。因此，为了测定合成纯莫来石的毒性，采用 USEPA 1311 TCLP（Toxicity Characteristic Leaching Procedure）标准通过 ICP 对莫来石的毒性进行检测。结果见表 7-4 和图 7-19。浸出渣中所含元素均远低于 TCLP 标准，浸出渣中残留的钒、铬、铁、锰、钛等主要金属元素稳定在莫来石中。计算公式如式（7-5）所示。V 的浸出率为 1.3%，Ti 的浸出率仅为 0.03%。

$$\mu_{(V、Ti)} = \frac{[V]_{(V、Ti)} \times V}{W_{(V、Ti)}} \times 100\% \qquad (7-5)$$

式中　$\mu_{(V、Ti)}$——V 和 Ti 的浸出率,%；

$\quad\quad[V]_{(V、Ti)}$——V 和 Ti 在浸出液中的含量，g/L；

$\quad\quad\quad V$——浸出液体积，L；

$\quad\quad W_{(V、Ti)}$——V 和 Ti 在钒渣预处理后存在于原料中的含量，g。

表 7-4　根据 TCLP 标准测定纯莫来石的毒性试验结果

元素	Cr	Mn	Fe	Cu	As	Cd
TCLP/mg · L⁻¹	5	—	—	15	5	1
ICP/mg · L⁻¹	0.103	0.450	3.267	0.242	0.168	0.019
元素	Ba	Pb	Zn	Ag	V	Ti
TCLP/mg · L⁻¹	100	5	100	5	—	—
ICP/mg · L⁻¹	0.095	0.260	0.45	*	4.759	0.264

注："—"表示未做要求；"＊"表示元素含量过低，难以被 ICP 检测到。

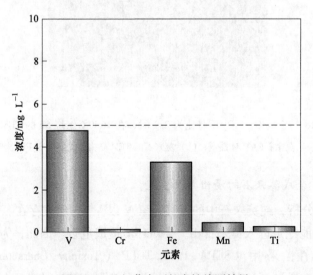

图 7-19　纯相莫来石的毒性检测结果

　　为保证结果的通用性，继续采用 GB 5085.3—2007 标准对莫来石进行毒性浸出测定。实验结果见表 7-5。根据标准，以钒渣为原料合成的纯相莫来石属于无毒产品，所有元素含量均远低于国家标准。浸出渣中残留的钒、铬、铁、锰、钛等主要金属元素在莫来石中稳定存在。经公式（7-1）计算发现这些元素的浸出率均小于1%。其中，钒的浸出率小于0.05%，钛的浸出率仅为0.002%，铬的浸出率过低无法检测。这一结果不仅证实了残留的有害元素 V 和 Cr 在莫来石产品中稳定存在，也证实了纯莫来石的环境安全性。

表 7-5 根据 GB 5085.3—2007 标准测定纯莫来石的毒性试验结果

元素	V	Ti	Cr	Mn	Fe	Be	Cu
GB/mg·L^{-1}	—	—	15	—	—	0.02	100
ICP/mg·L^{-1}	0.374	0.036	*	0.343	0.928	*	0.232
元素	As	Cd	Ni	Ba	Pb	Zn	Ag
GB/mg·L^{-1}	5	1	5	100	100	100	5
ICP/mg·L^{-1}	0.075	*	0.039	0.03	*	0.45	0.017

注："—"表示未做要求；"*"表示元素含量过低，难以被 ICP 检测到。

在钒渣综合利用过程中，在最佳条件下用 $AlCl_3$ 和熔融盐钒渣对钒渣进行氯化，可使钒渣中钒、铬、铁、锰的氯化率分别提高到 76.5%、81.9%、90.3%、97.3%，钛的挥发率提高到 79.9%。去除所有氯化产物后的水浸渣合成的纯相莫来石经 GB 5085.3—2007 标准检测，能够有效稳定残留有害物质。也就是说，含有害元素 V、Cr、Mn 的浸出渣可以通过这种一步固相反应，由危险废物转化为安全无毒的纯莫来石产品。

7.2.4 钒渣中 SiO_2 的绿色利用分析

钒钛磁铁矿冶炼每年产生约 145 万吨钒渣。钒渣的成分组成见表 7-6。其中，SiO_2 含量可达 20.88%。钒渣中 SiO_2 主要以 $(Fe,Mn)_2SiO_4$ 形式存在。实现钒渣的综合利用是一个亟待解决的问题。钒渣中 Cr、V 的提取采用传统的盐（Na_2CO_3、NaOH、CaO）焙烧法实现。然而，约 120 万吨尾矿中含有大量有价元素（Si、Fe、Ti 和 Mn）和少量有害元素（V 和 Cr），每年被废弃为固体废弃物，造成资源浪费和环境污染。

表 7-6 钒渣的主要成分 （%）

成分	$w(V_2O_3)$	$w(Cr_2O_3)$	$w(FeO)$	$w(SiO_2)$	$w(TiO_2)$	$w(MnO)$	$w(Al_2O_3)$	$w(MgO)$	$w(CaO)$
含量（质量分数）	10.05	5.84	37.00	20.88	11.38	5.93	3.39	3.15	2.38

在前人的工作中，提出了一种有效利用钒、铬、锰、铁、钛的新方法。钒渣

中主要元素 Ti、Fe、Mn、Cr、V 被 $AlCl_3$ 氯化成 VCl_3、$CrCl_3$、$MnCl_2$、$FeCl_2$、$TiCl_4$。通过对有价元素（Cr，V，Mn，Ti 和 Fe）的高值化利用，获得了 Fe-Mn 合金、V-Cr 合金和 TiO_2。经 $AlCl_3$ 氯化和钒渣中 Ti、Cr、V、Mn、Fe 的高值化处理后，得到了含 NaCl 和 KCl 的盐和含 Al_2O_3、SiO_2、TiO_2、V_2O_5 的残渣。根据氯化物和氧化物在水中的溶解度不同，将盐和残渣用水洗涤，实现氧化物和氯化物的分离。通过洗涤得到含 SiO_2、TiO_2、Al_2O_3、V_2O_5 的浸出渣。浸出液可通过蒸发结晶得到 NaCl 和 KCl 晶体。从 1g 钒渣氯化后产生 0.76g 含有害元素 V、Cr 的浸出渣。浸出渣不仅产量巨大，而且还含有有毒元素 V、Cr。如果不使用浸出渣，不仅浪费资源，而且污染环境。由此，本书提出了一种有效利用浸出渣中 Si 的新方法。

浸出渣中铝硅比的原始质量比为 2.8。浸出渣经高温焙烧得到莫来石和 Al_2O_3 混合相。为了合成纯莫来石，需要在浸出渣中添加 SiO_2。100g 浸出渣和 8.19g SiO_2 可以合成纯莫来石。由式（7-6）计算可知，在浸出渣高温合成莫来石过程中，合成莫来石原料的 92.4% 来自浸出渣。从以上数据可以看出，合成的纯相莫来石比文献报道的莫来石具有更高的抗压强度、更均匀的成分、更少的内孔、更致密。因此，它是一种优质的耐火材料。

$$\eta = \frac{w_S}{w_S + w_{SiO_2}} \times 100\% \qquad (7\text{-}6)$$

式中　η——浸出渣在莫来石中的比例，%；

　　w_S——浸出渣质量，g；

w_{SiO_2}——SiO_2 的质量，g。

研究表明，合成的莫来石是一种安全无毒的材料，莫来石中的有害元素 V、Cr、Mn 不会降低莫来石的性能。这种新工艺不仅实现了 V、Mn、Fe、Ti、Cr 的高效绿色利用，而且随着氯化剂 $AlCl_3$ 的引入，实现了 Si 的高值化。

7.3　本章小结

钒渣经过氯化之后得到了氯化产物和尾渣，为了对其进行综合利用，本书进行了尾渣的无害化利用，其结果如下：

（1）研究低温熔盐条件添加 $Al(OH)_3$ 去除尾渣中的 SiO_2。结果表明：在 $w(尾渣) : w(Al(OH)_3) = 1 : 0.55$ 时，合成莫来石和氧化铝复合材料；尾渣和 $Al(OH)_3$ 的比例高于 1：0.55 时，莫来石产品中有残余的 SiO_2。而尾渣中 $Al(OH)_3$ 的比例低于 1：0.55 时，$Al(OH)_3$ 提供足够多的 O^{2-} 使得体系中生成

K_2O 和 Na_2O。这些碱性氧化物和莫来石反应生成 $KNa_3(AlSiO_4)_4$ 等化合物。提高温度和增加熔盐含量可以提高体系中熔盐液相的含量，加速反应的进行。提高温度、增加熔盐含量和延长反应时间，有利于降低产品中 SiO_2 含量。

在最佳条件下，900℃，2h，$w(尾渣):w(熔盐):w(Al(OH)_3)=1:2.91:0.55$，体系中的 SiO_2 全部转化成莫来石，莫来石与产物中的氧化铝形成复合材料。

（2）以浸出渣为原料，添加 SiO_2，采用固相烧结法进行合成莫来石实验，结果表明，由于浸出渣中存在杂质元素，浸出渣需要添加 SiO_2 才能合成纯相莫来石。在最佳条件下，$w(Al_2O_3)/w(SiO_2)$ 为 2.1，1600℃，5h，合成了抗压强度 133.35MPa、体积密度 3.20g/cm³ 的莫来石。

V、Cr、Fe、Mn、Ti 等元素以固溶的形式稳定存在于莫来石相中，其中，V 和 Ti 分别以 V^{5+} 和 Ti^{4+} 的形式存在。V^{5+} 和 Ti^{4+} 进入莫来石晶格形成固溶体。V 和 Ti 元素对分布在莫来石晶格八面体中的 Al 进行均匀等效置换。根据 TCLP 标准和 GB 5085.3—2007 标准，对莫来石的毒性进行了测定。结果表明，V、Cr、Fe、Mn、Ti 等元素以固溶体的形式稳定在莫来石相中。

参 考 文 献

[1] 肖六均. 攀枝花钒钛磁铁矿资源及矿物磁性特征 [J]. 金属矿山, 2001 (1): 28-30.

[2] 杨绍利. 钒钛磁铁矿非高炉冶炼技术 [M]. 北京: 冶金工业出版社, 2012.

[3] 邹建新. 攀枝花钒钛磁铁矿非高炉冶炼技术评价 [J]. 轻金属, 2011 (5): 51-54.

[4] 陈东辉, 杨树德. 钒渣质量的系统评价 [J]. 河北冶金, 1993 (1): 19-23.

[5] 张国平. 钒渣物相结构和化学成分对焙烧转化率的影响 [J]. 铁合金, 1991 (5): 17-19.

[6] 邓志敢, 魏昶, 李兴彬, 等. 钒钛磁铁矿提钒尾渣浸取钒 [J]. 中国有色金属学报, 2012, 22 (6): 1770-1777.

[7] 陈东辉. 从提钒废渣再提钒的研究 [J]. 无机盐工业, 1993 (4): 28-32.

[8] 赵秦生, 李中军. 钒冶金 [M]. 长沙: 中南大学出版社, 2015.

[9] 杨守志. 钒冶金 [M]. 北京: 冶金工业出版社, 2010.

[10] 边悟. 高硅低钒钒渣提取五氧化二钒的研究 [J]. 铁合金, 2008 (3): 5-8.

[11] 赵博. 钒渣钙化焙烧机理的研究 [D]. 沈阳: 东北大学, 2014.

[12] 郑诗礼, 杜浩, 王少娜, 等. 亚熔盐法钒渣高效清洁提钒技术 [J]. 钢铁钒钛, 2012, 33 (1): 15-19.

[13] 田茂明, 唐大均, 张奇, 等. 含钒钢渣提钒工艺及其主要技术 [J]. 重庆科技学院学报 (自然科学版), 2009, 11 (2): 59, 60.

[14] 宋文臣. 熔融态钒渣直接氧化提钒新工艺的基础研究 [D]. 北京: 北京科技大学, 2014.

[15] 张莹, 张廷安, 吕国志, 等. 钒渣无焙烧浸出液中钒铁萃取分离 [J]. 东北大学学报 (自然科学版), 2015, 36 (10): 1445-1448.

[16] 肖松文, 马荣骏. 离子交换法分离金属 [M]. 北京: 冶金工业出版社, 2003.

[17] 郑祥明, 田学达, 张小云, 等. 湿法提取石煤中钒的新工艺研究 [J]. 湘潭大学自然科学学报, 2003 (1): 43-45.

[18] 李兴彬, 魏昶, 樊刚, 等. 溶剂萃取–铵盐沉钒法从石煤酸浸液中提取五氧化二钒的研究 [J]. 矿冶, 2010, 19 (3): 49-53.

[19] 黄道鑫. 提钒炼钢 [M]. 北京: 冶金工业出版社, 2000.

[20] 王伟祥. V_2O_5 自还原直接合金化冶炼含钒钢工艺研究 [D]. 武汉: 武汉科技大学, 2012: 5-8.

[21] 颜广庭. 钒渣直接合金化生产 20MnSiV 钢筋的初步试验 [J]. 四川冶金, 1985 (2): 26-31.

[22] 范英俊, 刘明忠, 杨明生. 转炉直接合金化冶炼 20MnSiV 的试验研究 [J]. 钢铁, 2001, 36 (5): 25-28.

[23] 张兆铠. 微波加热技术基础 [M]. 北京: 电子工业出版社, 1988.

[24] 钱鸿森. 微波加热技术及应用 [M]. 黑龙江：科学技术出版社，1985.

[25] 刘亚静，姜涛，王俊鹏，等. 粒度对硼铁矿介电特性及微波加热特征的影响 [J]. 东北大学学报（自然科学版），2018，39（10）：1418-1422.

[26] 王俊鹏，姜涛，刘亚静，等. 粒度和温度对钒钛磁铁矿介电特性的影响 [J]. 材料与冶金学报，2018，17（3）：171-174.

[27] 栗政. 冶金材料微波介电性能变温测试技术研究 [D]. 成都：电子科技大学，2013.

[28] 刘晨辉. 基于冶金物料介电特性的微波加热应用新工艺研究 [D]. 昆明：昆明理工大学，2014.

[29] 莫秋红. 微波场中锰矿物微结构及物料组成与其吸波性能的相关性研究 [D]. 南宁：广西大学，2015.

[30] 段爱红，毕先钧，阚家德. 金属氧化物吸收微波辐射的能力与其结构的关系 [J]. 云南化工，1998（2）：36-38.

[31] 刘建. 微波场中锰矿粉碳热还原行为与机理研究 [D]. 北京：北京科技大学，2018.

[32] 陈艳，白晨光，何宜柱，等. 微波协助碾磨高钛高炉渣 [J]. 钢铁研究学报，2006（8）：5-8.

[33] 刘全军. 微波助磨与微波助浸技术 [M]. 北京：冶金工业出版社，2005.

[34] 付润泽，朱红波，彭金辉，等. 采用微波助磨技术处理惠民铁矿的研究 [J]. 矿产综合利用，2012（2）：24-27.

[35] 叶菁，彭凡. 微波热力辅助粉碎研究 [J]. 材料科学与工程学报，2004（3）：358-360.

[36] 彭金辉，刘纯鹏. 微波场中 $FeCl_3$ 溶液浸出闪锌矿动力学 [J]. 中国有色金属学报，1992（1）：46-49.

[37] 何慧悦，任锐，袁熙志，等. 微波碳热还原钛铁矿及钛铁分离工艺 [J]. 四川冶金，2017，39（3）：5-10.

[38] 李庆峰，邱竹贤. 氯化钠-氯化铝熔盐体系及其应用 [J]. 矿冶工程，1996，1：54-57.

[39] 程国荣. 攀枝花钛渣熔盐氯化盐系组成的研究 [J]. 钢铁钒钛，1998，2：9-12.

[40] 黄毅，张建军，尔古打机. 微波熔盐沉积制备 AlN 纳米晶及光致发光特性研究 [J]. 人工晶体学报，2011，40（5）：1258-1260，1265.

[41] 梁宝岩，韩丹辉，张旺玺，等. 微波-熔盐热处理在 CBN 表面形成 TiN 类石墨烯晶体 [J]. 金刚石与磨料磨具工程，2018，38（1）：37-40.

[42] 周志刚. 铁氧体磁性材料 [M]. 北京：北京科学教育编辑室，1978.

[43] 黄永杰，李世望，兰中文. 磁性材料 [M]. 成都：电子科技大学出版社，1993.

[44] 龚建华. 高性能 MnZn 铁氧体材料的制备及机理研究 [D]. 武汉：华中科技大学，2004.

[45] 姚吉升，杨列太，周忠华. 含铁（Ⅱ）杂质的镁电解质熔体中 Mn(Ⅱ) 的阴极过程研究 [J]. 矿业工程，1989，9（1）：51-54.

[46] 刘威，肖赛君，王振. NaCl-KCl 熔盐体系中 Cr^+ 在 W 电极上的电化学行为 [J]. 过程工

程学报，2017，17（1）：119-122.

[47] 张密林. 熔盐电解镁锂合金［M］. 北京：科学出版社，2009.

[48] 李讯，林如山，叶国安，等. KCl-NaCl 和 KCl-NaCl-MgCl$_2$ 熔体黏度的实验研究［J］. 中国测试，2015，41（9）：38-41.

[49] 高建明. 红土镍矿综合利用制备尖晶石铁氧体基础及工艺研究［D］. 北京：北京科技大学，2015.

[50] 赵福城. 低温固相反应法制备 Ni$_x$Zn$_{1-x}$Fe$_2$O$_4$ 铁氧体粉体及烧结研究［D］. 长春：吉林大学，2012.

[51] 许会道. 以废旧电池为原料制备钴镍铁氧体的研究［D］. 新乡：河南师范大学，2015.

[52] 祁豆豆. Ti-Cr-V 系储氢合金的制备及改性研究［D］. 太原：太原理工大学，2017.

[53] 杨彪. V-5Cr-5Ti 合金的第一性原理研究［D］. 绵阳：西南科技大学，2015.

[54] 夏天，曹望和，田莹，等，锐钛矿相 TiO$_2$ 纳米薄膜的制备及光致发光研究［J］. 功能材料，2005，36（1）：100-102.

[55] 邹云玲，晏呆，谢耀，等，溶剂热法制备板钛矿型 TiO$_2$［J］. 化学研究与应用，2018，30（1）：80-87.

[56] 夏天，曹望和，付姚，等，板钛矿相对 TiO$_2$ 纳米晶相转变的影响研究［J］. 材料科学与工程学报，2005，23（1）：105-108.

[57] 陈朝华，刘长河. 钛白粉生产及应用技术［M］. 北京：化学工业出版社，2006.

[58] 黄俊，李荣兴，田林，等. 氯化法钛白生产工艺中四氯化钛氧化微观反应机理研究进展［J］. 化工进展，2018，37（3）：1054-1061.

[59] 李园园，贾志杰. 纳米金红石型 TiO$_2$ 的制备研究［J］. 化工进展，2005，24（10）：1155-1157.

[60] 南开大学科技处. 氯化法制备金红石型二氧化钛［J］. 技术与市场，2007（12）：20.

[61] 孙康，王永刚. 溶胶-凝胶法制取超细 TiO$_2$ 粉末［J］. 无机盐工业，1997（3）：9-10.

[62] 孟奇，刘兴海，王珍，等. 纳米二氧化钛的综合论述［J］. 产业与科技论坛，2016，15（17）：78，79.

[63] 邓建国，陈建，刘东亮. 纳米二氧化钛的制备及应用研究［J］. 四川理工学院学报（自然科学版），2005，18（3）：43-48.

[64] 周忠诚，阮建明，邹俭鹏，等. 四氯化钛低温水解直接制备金红石型纳米二氧化钛［J］. 稀有金属，2006，30（5）：653-656.

[65] 吕滨，藏颖波，张树峰，等. TiCl$_4$ 气相氧化法制备金红石型 TiO$_2$ 的工艺［J］. 应用化工，2011，40（8）：1326-1328.

[66] 邓科. 四氯化钛气相氧化制备二氧化钛的工艺过程分析［J］. 氯碱工业，2018，54（12）：25-30.

[67] 吕滨，于学成，吴琼，等. 添加剂在四氯化钛气相氧化过程中的作用机制［J］. 稀有金

属, 2012, 36 (5): 780-784.

[68] 钟德建, 张建锋, 李尧, 等. 高指数晶面 TiO_2 对铬的吸附及光催化去除 [J]. 环境科学, 2019, 40 (2): 701-707.

[69] 张冬云. 高比表面积二氧化钛纳米粉体的制备及其吸附性能研究 [D]. 呼和浩特: 内蒙古师范大学, 2014.

[70] 郁卫飞. 微波对物料微结构的影响 [J]. 中国材料科技与设备, 2007, 4 (4): 1, 2, 18.

[71] 夏锋. 微波碳热还原钒钛磁铁精矿的研究 [D]. 重庆: 重庆大学, 2008.

[72] 刘长河, 李俊强. 熔盐氯化反应机理的研究 [J]. 钛工业进展, 2011, 28 (6): 29-33.

[73] 史志新. 钒渣钠化焙烧过程中钒尖晶石和铁橄榄石的变化规律表征 [J]. 有色金属 (选矿部分), 2018 (4): 4-8.

[74] 刘仕元. 钒渣中有价元素 Fe、Mn、V、Cr 和 Ti 选择性氯化及高值化基础研究 [D]. 北京: 北京科技大学, 2019.

[75] 冯建华, 兰新哲, 宋永辉. 微波辅助技术在湿法冶金中的应用 [J]. 湿法冶金, 2008, 27 (4): 211-215.

[76] Liu S Y, Wang L J, Chou K C. A novel process for simultaneous extraction of iron, vanadium, manganese, chromium, and titanium from vanadium slag by molten salt electrolysis [J]. Industrial & Engineering Chemistry Research, 2016, 55: 12962-12969.

[77] Liu S Y, Wang L J, Chou K C. Viscosity measurement of $FeO-SiO_2-V_2O_3-TiO_2$ slags in the temperature range of 1644-1791K and modelling by using ion-oxygen parameter [J]. Ironmaking & Steelmaking, 2018, 45 (7): 641-647.

[78] Zhang X, Xie B, Diao J, et al. Nucleation and growth kinetics of spinel crystals in vanadium slag [J]. Ironmaking & Steelmaking, 2012, 39 (2): 147-154.

[79] Singh V, Biswas A. Physicochemical processing of low grade ferruginous manganese ores [J]. International Journal of Mineral Processing, 2017, 158: 35-44.

[80] Chen D, Zhang Y, Kang Z. A low temperature synthesis of $MnFe_2O_4$ nanocrystals by microwave-assisted ball-milling [J]. Chemical Engineering Journal, 2013, 215: 235-239.

[81] Sun S H, Zeng H B, Robinson D, et al. Monodisperese MFe_2O_4 (M = Fe, Co, Mn) nanoparticles [J]. Journal of the American Chemical Society, 2004, 126 (1): 273-279.

[82] Townes C, Schawlow A. Microwave spectroscopy [M]. Courier Corporation, 2013.

[83] Bao N, Shen L, Wang Y, et al. A facile thermolysis route to monodisperse ferrite nanocrystals [J]. Journal of the American Chemical Society, 2007, 129 (41): 12374, 12375.

[84] Moskalyk R R, AlfantaziA M. Processing of vanadium: a review [J]. Minerals Engineering, 2003, 16 (9): 793-805.

[85] Pyrzyńska K, Wierzbicki T. Determination of vanadium species in environmental samples [J].

Talanta, 2004, 64 (4): 823-829.

[86] Sturini M, Rivagli E, Maraschi F, et al. Photocatalytic reduction of vanadium (V) in TiO$_2$ suspension: chemometric optimization and application to wastewaters [J]. Journal of Hazardous Materials, 2013, 254: 179-184.

[87] Sturini M, Maraschi F, Cucca L, et al. Determination of vanadium (V) in the particulate matter of emissions and working areas by sequential dissolution and solid-phase extraction [J]. Analytical and Bioanalytical Chemistry, 2010, 397 (1): 395-399.

[88] Mandiwana K L, Panichev N. The leaching of vanadium (V) in soil due to the presence of atmospheric carbon dioxide and ammonia [J]. Journal of Hazardous Materials, 2009, 170 (2): 1260-1263.

[89] Perron L. Vanadium, natrural resources Canada [M]. Mineral & Resources Sector: Canada Minerals Yearbook, 2001.

[90] Kumar S, Jain A, Ichikawa T, et al. Development of vanadium based hydrogen storage material: a review [J]. Renewable and Sustainable Energy Reviews, 2017, 72: 791-800.

[91] Li L Y, Kim S, Wang W, et al. A stable vanadium redox-flow battery with high energy density for large-scale energy storage [J]. Advanced Energy Materials, 2011, 1: 394-400.

[92] Huang K L, Li X, Liu S, et al. Research progress of vanadium redox flow battery for energy storage in China [J]. Renewable Energy, 2008, 33 (2): 186-192.

[93] Diao Z H, Xu X R, Chen H, et al. Simultaneous removal of Cr (VI) and phenol by persulfate activated with bentonite-supported nanoscale zero-valent iron: reactivity and mechanism [J]. Journal of Hazardous Materials, 2016, 316: 186-193.

[94] Shi L, Zhang X, Chen Z. Removal of chromium (VI) from wastewater using bentonite-supported nanoscale zero-valent iron [J]. Water Research, 2011, 45 (2): 886-892.

[95] Stohs S J, Bagchi D. Oxidative mechanisms in the toxicity of metal ions [J]. Journal of Environmental Pathology, Toxicology and Oncology, 2001, 20 (2): 77-88.

[96] Stohs S J, Bagchi D. Oxidative mechanisms in the toxicity of metal ions [J]. Free radical biology and medicine, 1995, 18 (2): 321-336.

[97] Chen G Z, Fray D J, Farthing T W. Direct electrochemical reduction of titanium dioxide to titanium in molten calcium chloride [J]. Nature, 2000, 407: 361-364.

[98] Wang D, Xu Y, Sun F, et al. Enhanced photocatalytic activity of TiO$_2$ under sunlight by MoS$_2$ nanodots modification [J]. Applied Surface Science, 2016, 377: 221-227.

[99] Fang H X, Li H Y, Xie B. Effective chromium extraction from chromium-containing vanadium slag by sodium roasting and water leaching [J]. ISIJ International, 2012, 52 (11): 1958-1965.

[100] Jena P K, Brocchi E A. Halide metallurgy of refractory metals [J]. Mineral Processing and

Extractive Metullargy Review, 1992, 10: 29-40.

[101] Kim E, Spooren J, Broos K, et al. Selective recovery of Cr from stainless steel slag by alkaline roasting followed by water leaching [J]. Hydrometallurgy, 2015, 158: 139-148.

[102] Stander P P, Van Vuuren C P J. The high temperature oxidation of FeV_2O_4 [J]. Thermochimica Acta, 1990, 157: 347-355.

[103] Vanvuuren C P J, Stander P P. The oxidation of FeV_2O_4 by oxygen in a sodium carbonate mixture [J]. Minerals Engineering, 2001, 14 (7): 803-808.

[104] Wang H G, Wang M Y, Wang X W. Leaching behaviour of chromium during vanadium extraction from vanadium slag [J]. Mineral Processing and Extractive Metallurgy, 2015, 124 (3): 127-131.

[105] Li X S, Bing X I E, Wang G, et al. Oxidation process of low-grade vanadium slag in presence of Na_2CO_3 [J]. Transactions of Nonferrous Metals Society of China, 2011, 21: 1860-1867.

[106] Li H Y, Fang H X, Wang K, et al. Asynchronous extraction of vanadium and chromium from vanadium slag by stepwise sodium roasting-water leaching [J]. Hydrometallurgy, 2015, 156: 124-135.

[107] Ji Y, Shen S, Liu J, et al. Green and efficient process for extracting chromium from vanadium slag by an innovative three-phase roasting reaction [J]. ACS Sustainable Chemistry & Engineering, 2017, 5 (7): 6008-6015.

[108] Ji Y, Shen S, Liu J, et al. Cleaner and effective process for extracting vanadium from vanadium slag by using an innovative three-phase roasting reaction [J]. Journal of Cleaner Production, 2017, 149: 1068-1078.

[109] Zhang J, Zhang W, Zhang L, et al. Mechanism of vanadium slag roasting with calcium oxide [J]. International Journal of Mineral Processing, 2015, 138: 20-29.

[110] Li H Y, Wang K, Hua W H, et al. Selective leaching of vanadium in calcification-roasted vanadium slag by ammonium carbonate [J]. Hydrometallurgy, 2016, 160: 18-25.

[111] Xiang J, Huang Q, Lv X, et al. Extraction of vanadium from converter slag by two-step sulfuric acid leaching process [J]. Journal of Cleaner Production, 2018, 170: 1089-1101.

[112] Jiang T, Wen J, Zhou M, et al. Phase evolutions, microstructure and reaction mechanism during calcification roasting of high chromium vanadium slag [J]. Journal of Alloys and Compounds, 2018, 742: 402-412.

[113] Liu B, Du H, Wang S N, et al. A novel method to extract vanadium and chromium from vanadium slag using molten $NaOH$-$NaNO_3$ binary system [J]. Aiche Journal, 2013, 59 (2): 541-552.

[114] Liu H, Hao D U, Wang D, et al. Kinetics analysis of decomposition of vanadium slag by KOH sub-molten salt method [J]. Transactions of Nonferrous Metals Society of China, 2013,

23 (5): 1489-1500.

[115] Chen D S, Zhao L S, Liu Y H, et al. A novel process for recovery of iron, titanium, and vanadium from titanomagnetite concentrates: NaOH molten salt roasting and water leaching processes [J]. Journal of hazardous materials, 2013, 244: 588-595.

[116] Wang Z, Zheng S, Wang S, et al. Electrochemical decomposition of vanadium slag in concentrated NaOH solution [J]. Hydrometallurgy, 2015, 151: 51-55.

[117] Li M, Liu B, Zheng S, et al. A cleaner vanadium extraction method featuring non-salt roasting and ammonium bicarbonate leaching [J]. Journal of Cleaner Production, 2017, 149: 206-217.

[118] Haoran L I, Yali F, Liang J, et al. Vanadium recovery from clay vanadium mineral using an acid leaching method [J]. Rare Metals, 2008, 27 (2): 116-120.

[119] Mirazimi S M J, Rashchi F, Saba M. A new approach for direct leaching of vanadium from LD converter slag [J]. Chemical Engineering Research and Design, 2015, 94: 131-140.

[120] Zhang G, Zhang T, Lv G, et al. Extraction of vanadium from vanadium slag by high pressure oxidative acid leaching [J]. International Journal of Minerals, Metallurgy, and Materials, 2015, 22 (1): 21-26.

[121] Liu L, Du T, Tan W J, et al. A novel process for comprehensive utilization of vanadium slag [J]. International Journal of Minerals, Metallurgy, and Materials, 2016, 23 (2): 156-160.

[122] Liu Z H, Li Y, Chen M L, et al. Enhanced leaching of vanadium slag in acidic solution by electro-oxidation [J]. Hydrometallurgy, 2016, 159: 1-5.

[123] Liu S Y, Shen S B, Chou K C. An effective process for simultaneous extraction of valuable metals (V, Cr, Ti, Fe, Mn) from vanadium slag using acidic sodium chlorate solution under water bath conditions [J]. Journal of Mining and Metallurgy. Section B: Metallurgy, 2018, 54 (2): 153-159.

[124] Hu G, Chen D, Wang L, et al. Extraction of vanadium from chloride solution with high concentration of iron by solvent extraction using D2EHPA [J]. Separation and Purification Technology, 2014, 125: 59-65.

[125] Chen D S, Zhao H X, Hu G P, et al. An extraction process to recover vanadium from low-grade vanadium-bearing titanomagnetite [J]. Journal of Hazardous Materials, 2015, 294: 35-40.

[126] Han C, Li L, Yang H, et al. Preparation of V_2O_5 from converter slag containing vanadium [J]. Rare Metals, 2018, 37 (10): 904-912.

[127] Ning P G, Lin X, Wang X Y, et al. High-efficient extraction of vanadium and its application in the utilization of the chromium-bearing vanadium slag [J]. Chemical Engineering Journal, 2016, 301: 132-138.

[128] Li X, Wei C, Wu J, et al. Co-extraction and selective stripping of vanadium (Ⅳ) and

molybdenum（Ⅵ）from sulphuric acid solution using 2-ethylhexyl phosphonic acid mono-2-ethylhexyl ester［J］. Separation and Purification Technology, 2012, 86: 64-69.

［129］ Li W, Zhang Y, Liu T, et al. Comparison of ion exchange and solvent extraction in recovering vanadium from sulfuric acid leach solutions of stone coal［J］. Hydrometallurgy, 2013, 131: 1-7.

［130］ Tavakoli M R, Dreisinger D B. Separation of vanadium from iron by solvent extraction using acidic and neutral organophosporus extractants［J］. Hydrometallurgy, 2014, 141: 17-23.

［131］ Zeng L, Li Q, Xiao L. Extraction of vanadium from the leach solution of stone coal using ion exchange resin［J］. Hydrometallurgy, 2009, 97 (3-4): 194-197.

［132］ Li H Y, Li C, Zhang M, et al. Removal of V(Ⅴ) from aqueous Cr(Ⅵ)-bearing solution using anion exchange resin: equilibrium and kinetics in batch studies［J］. Hydrometallurgy, 2016, 165: 381-389.

［133］ Bobkova O S, Barsegyan V V. Prospects of technologies for the direct alloying of steel from oxide melts［J］. Metallurgist, 2006, 50 (9): 463-468.

［134］ Sevlgen A H, Nordheim R. Process for the production of ferro-vanadium directly from slag obtained from vanadium-containing pig iron: US: 3579328A［P］. 1971.

［135］ 符芳铭, 胡启阳, 李新海, 等. 氯化铵-氯化焙烧红土镍矿工艺及其热力学计算［J］. 中南大学学报（自然科学版）, 2010, 41 (6): 2096-2102.

［136］ Zheng S, Li P, Tian L, et al. A chlorination roasting process to extract rubidium from distinctive kaolin ore with alternative chlorinating reagent［J］. International Journal of Mineral Processing, 2016, 157: 21-27.

［137］ Ma E, Lu R X, Xu Z M. An efficient rough vacuum-chlorinated separation method for the recovery of indium from waste liquid crystal display panels［J］. Green Chemistry, 2012, 14: 3395-3401.

［138］ Banic C M, Iribarne J V. Nucleation of ammonium chloride in the gas phase and the influence of ions［J］. Journal of Geophysical Research: Oceans, 1980, 85 (C12): 7459-7464.

［139］ Robelin C, Chartrand P, Pelton A D. Thermodynamic evaluation and optimization of the (NaCl+KCl+AlCl$_3$) system［J］. The Journal of Chemical Thermodynamics, 2004, 36: 683-699.

［140］ Metaxas A C, Meredith R J. Industrial microwave heating［M］. London: Peter Peregrinus Ltd., United Kingdom, 1983.

［141］ Kingman S, Rowson N. Microwave treatment of minerals-a review［J］. Minerals Engineering, 1998, 11 (11): 1081-1087.

［142］ Al-Harahsheh M, Kingman S. Microwave-assisted leaching-a review［J］. Hydrometallurgy, 2004, 73 (3): 189-203.

[143] Reimbert C. Effect of radiation losses on hotspot formation and propagation in microwave heating [J]. IMA Journal of Applied Mathematics, 1996, 57 (2): 165-179.

[144] Ku H S, Siores E, Taube A, et al. Productivity improvement through the use of industrial microwave technologies [J]. CornPut. Ind. Eng. , 2002, 42 (2-4): 281-290.

[145] Hotta M, Hayashi M, Nishikata A, et al. Complex permittivity and permeability of SiO_2 and Fe_3O_4 powders in microwave frequency range between 0.2 and 13.5GHz [J]. ISIJ International, 2009, 49 (9): 1443-1448.

[146] Sahoo B K, De S, Meikap B C. Improvement of grinding characteristics of Indian coal by microwave pre-treatment [J]. Fuel Processing Technology, 2011, 92 (10): 1920-1928.

[147] Walkiewicz J W, Clark A E, McGill S L. Microwave-assisted grinding [J]. IEEE Transactions on Industry Applications, 2003, 27 (2): 239-243.

[148] Kumar P, Sahoo B K, De S, et al. Iron ore grindability improvement by microwave pre-treatment [J]. Journal of Industrial and Engineering Chemistry, 2010, 16 (5): 805-812.

[149] Zhang X, Ma G, Tong Z, et al. Microwave-assisted selective leaching behavior of calcium from basic oxygen furnace (BOF) slag with ammonium chloride solution [J]. Journal of Mining and Metallurgy, Section B: Metallurgy, 2017, 53 (2): 139-146.

[150] Kruesi W, Kruesi P. Microwaves in laterite processing [J]. Nickel Metallurgy, 1986, 1: 1-11.

[151] Ma Z, Liu Y, Zhou J, et al. Recovery of vanadium and molybdenum from spent petrochemical catalyst by microwave-assisted leaching [J]. International Journal of Minerals, Metallurgy, and Materials, 2019, 26 (1): 33-40.

[152] Xia D, Picklesi C. Microwave caustic leaching of electric arc furnace dust [J]. Minerals Engineering, 2000, 13 (1): 79-94.

[153] Wen T, Zhao Y, Xiao Q, et al. Effect of microwave-assisted heating on chalcopyrite leaching of kinetics, interface temperature and surface energy [J]. Results in Physics, 2017, 7: 2594-2600.

[154] Al-Harahsheh M, Kingman S, Hankins N, et al. The influence of microwaves on the leaching kinetics of chalcopyrite [J]. Minerals Engineering, 2005, 18 (13-14): 1259-1268.

[155] Mourão M B, De Carvalho Jr I P, Takano C. Carbothermic reduction by microwave heating [J]. ISIJ International, 2001, 41 (S): 27-30.

[156] Ye Q, Zhu H, Zhang L, et al. Carbothermal reduction of low-grade pyrolusite by microwave heating [J]. RSC Advances, 2014, 4 (102): 58164-58170.

[157] Yoshikawa N, Mashiko K, Sasaki Y, et al. Microwave carbo-thermal reduction for recycling of Cr from Cr-containing steel making wastes [J]. ISIJ International, 2008, 48 (5): 690-695.

[158] Renato De Castro E, Breda Mourão M, Jermolovicius L A, et al. Carbothermal reduction of

iron ore applying microwave energy [J]. Steel Research International, 2012, 83 (2): 131-138.

[159] Standish N, Huang W. Microwave application in carbothermic reduction of iron ores [J]. ISIJ International, 1991, 31 (3): 241-245.

[160] Lei Y, Li Y, Peng J, et al. Carbothermic reduction of panzhihua oxidized ilmenite in a microwave field [J]. ISIJ International, 2011, 51 (3): 337-343.

[161] Samouhos M, Hutcheon R, Paspaliaris I. Microwave reduction of copper (Ⅱ) oxide and malachite concentrate [J]. Minerals Engineering, 2011, 24 (8): 903-913.

[162] Liu J, Huang Z, Huo C, et al. Low-temperature rapid synthesis of rod-like ZrB_2 powders by molten-salt and microwave co-assisted carbothermal reduction [J]. Journal of the American Ceramic Society, 2016, 99 (9): 2895-2898.

[163] Zeng Y, Liang F, Liu J, et al. Highly efficient and low-temperature preparation of plate-like ZrB_2-SiC powders by a molten-salt and microwave-modified boro/carbothermal reduction method [J]. Materials, 2018, 11 (10): 1811.

[164] Hao H, Liu H X, Liu Y, et al. $Bi_4Ti_3O_{12}$ template synthesised by microwave assisted molten salt method [J]. Materials Research Innovations, 2007, 11 (4): 185-187.

[165] Huang Z, Deng X, Liu J, et al. Preparation of $CaZrO_3$ powders by a microwave-assisted molten salt method [J]. Journal of the Ceramic Society of Japan, 2016, 124 (5): 593-596.

[166] Pickles C A. Microwave drying of nickeliferous limonitic laterite ores [J]. Canadian Metallurgical Quarterly, 2005, 44 (3): 397-408.

[167] Lv W, Fan G, Lv X, et al. Drying kinetics of philippine nickel laterite by microwave heating [J]. Drying Technology, 2018, 36 (7): 849-858.

[168] Suhm J. Microwave technology for gentle drying of sensitive products [J]. Ceramurgia, 2000, 30 (4): 291-294.

[169] Li Y, Lei Y, Zhang L, et al. Microwave drying characteristics and kinetics of ilmenite [J]. Transactions of Nonferrous Metals Society of China, 2011, 21 (1): 202-207.

[170] Liu C, Zhang L, Srinivasakannan C, et al. Dielectric properties and optimization of parameters for microwave drying of petroleum coke using response surface methodology [J]. Drying Technology, 2014, 32 (3): 328-338.

[171] Liu C, Zhang L, Peng J, et al. Dielectric properties and microwave heating characteristics of sodium chloride at 2.45GHz [J]. High Temperature Materials and Processes, 2013, 32 (6): 587-596.

[172] Balu A M, Baruwati B, Serrano E, et al. Magnetically separable nanocomposites with photocatalytic activity under visible light for theselective transformation of biomass-derived platform molecules [J]. Green Chemistry, 2011, 13: 2750-2758.

[173] Xuan Y M, Li Q, Yang G. Synthesis and magnetic properties of Mn-Zn ferrite nanoparticles [J]. Joural of Magnetism and Magnetic Materials, 2007, 312 (2): 464-469.

[174] Song Q, Zhang Z J. Controlled synthesis and magnetic properties of bimagnetic spinel ferrite $CoFe_2O_4$ and $MnFe_2O_4$ nanocrystals with core-shell architecture [J]. Jouranl of the American Chemical Society, 2012, 134 (24): 10182-10190.

[175] Liu C W, Lin C H, Fu Y P. Mn-Zn ferrite powder preparation by hydrothermal process from used dry batteries [J]. Japanese Journal of Applied Physics, 2006, 45 (5): 4040-4041.

[176] Zapata A, Herrera G. Effect of zinc concentration on the microstructure and relaxation frequency of Mn-Zn ferrites synthesized by solid state reaction [J]. Ceramics International, 2013, 39: 7853-7860.

[177] Gao J M, Zhang M, Guo M. Direct fabrication and characterization of metal doped magnesium ferrites from treated laterite ores by the sold state reaction method [J]. Ceramics Interantional, 2015, 41: 8155-8162.

[178] Yang L, Xi G X, Liu J J. MnZn ferrite synthesized by sol-gel auto-combustion and microwave digestion routes using spent alkaline batteries [J]. Ceramics International, 2015, 41 (3): 3555-3560.

[179] Gimenes R, Baldissera M R, da Silva M R A, et al. Structural and magnetic characterization of $Mn_xZn_{1-x}Fe_2O_4$ ($x = 0.2$, 0.35, 0.65, 0.8, 1.0) ferrites obtained by the citrate precursor method [J]. Ceramics International, 2012, 38 (1): 741-746.

[180] Ding J, McCormick P G, Street R. Formation of spinel Mn-ferrite during mechanical alloying [J]. Journal of Magnetism and Magnetic Materials, 1997, 171 (3): 309-314.

[181] Ahmed Y M Z. Synthesis of manganese ferrite from non-standard raw materials using ceramic technique [J]. Ceramics International, 2010, 36: 969-977.

[182] Wang H G, Zhang M, Guo M. Utilization of Zn-containing electric are furnace dust for multi-metal doped ferrite with enhanced magnetic property: from hazardous solid waste to green product [J]. Jouranl of Hazardous Materials, 2017, 339: 248-255.

[183] Devan R S, Ma Y R, Chougule B K. Effective dielectric and magnetic properties of (Ni-Co-Cu) ferrite/BTO composites [J]. Materials Chemistry and Physics, 2009, 115 (1): 263-268.

[184] Toolenaar F J C M, Van Lierop-Verhees M T J. Reactive sintering of manganese ferrite [J]. Journal of Materials Science, 1989, 24 (2): 402-408.

[185] Mathur P, Thakur A, Singh M. Processing of high density manganese zinc nanoferrites by co-precipitation method [J]. Zeitschrift für Physikalische Chemie, 2007, 221: 887-895.

[186] Shikrollahi H, Janghorban K. Influence of additives on the magnetic properties, microstructure and densification of Mn-Zn soft ferrites [J]. Materials Science and Engineering: B, 2007,

141 (3): 91-107.

[187] Haarberg G M, Kvalheim E, Rolseth S, et al. Electrodeposition of iron from molten mixed chloride/fluoride electrolytes [J]. ECS Transactions, 2007, 35 (3): 341-345.

[188] Wang S L, Haarberg G M, Kvalheim E. Electrochemical behavior of dissolved Fe_2O_3 in molten $CaCl_2$-KF [J]. Journal of Iron and Steel Research, International, 2008, 15 (6): 48-51.

[189] Inman D, Legey J C, Spencer R I. A chronopotentiometric study of iron in LiCl-KCl [J]. Journal of Applied Electrochemistry, 1978, 8 (3): 269-272.

[190] Duan S, Dudley P, Inman D. Voltammetric studies of iron in molten $MgCl_2$+NaCl+KCl Part I. The reduction of Fe(II) [J]. Journal of Electroanalytical Society, 1982, 142 (1-2): 215-228.

[191] Castrillejo Y, Martinez A M, Vega M, et al. Electrochemical study of the properties of iron ions in $ZnCl_2$+2NaCl melt at 450℃ [J]. Journal of Electroanalytical Chemistry, 1995, 397: 139-147.

[192] Khalaghia B, Kvalheim E, Tokushige M, et al. Electrochemical behaviour of dissolved iron chloride in KCl + LiCl + NaCl melt at 550℃ [J]. ECS Transactions, 2014, 64 (4): 301-310.

[193] Xiao S J, Liu W, Gao L. Cathodic process of manganese (II) in NaCl-KCl melt [J]. Ionics, 2016, 22: 2387-2390.

[194] Quaranta D, Massot L, Gibilaro M, et al. Zirconium (IV) electrochemical behavior in molten LiF-NaF [J]. Electrochimica Acta, 2018, 265: 586-593.

[195] Ye K, Zhang M L, Chen Y, et al. Study on the preparation of Mg-Li-Mn alloys by electrochemical codeposition from $LiCl-KCl-MgCl_2-MnCl_2$ molten salt [J]. Journal of Applied Electrochemistry, 2010, 40 (7): 1387-1393.

[196] Yang Y S, Zhang M L, Han W, et al. Selective electrodeposition of dysprosium in LiCl-KCl-$GdCl_3$-$DyCl_3$ melts at magnesium electrodes: application to separation of nuclear wastes [J]. Electrochimica Acta, 2014, 118: 150-156.

[197] Chamelot P, Massot L, Hamel C, et al. Feasibility of the electrochemical way in molten fluorides for separating thorium and lanthanides and extractinglanthanides from the solvent [J]. Journal of Nuclear Materials, 2007, 360: 64-74.

[198] Zhang Y B, Du M H, Liu B B, et al. Separation and recovery of iron and manganese from high-iron manganese oxide ores by reduction roasting and magnetic separation technique [J]. Separation Science and Technology, 2017, 52 (7): 1321-1332.

[199] Li M, Gu Q Q, Han W, et al. Electrodeposition of Tb on Mo and Al electrodes: thermodynamic properties of $TbCl_3$ and $TbAl_2$ in the LiCl-KCl eutectic melts [J]. Electrochimica Acta, 2015, 167: 139-146.

[200] Cotarta A, Bouteillon J, Poignet J C, et al. Electrochemistry of molten LiCl-KCl-CrCl and LiCl-KCl-CrCl₂ mixtures [J]. Journal of Applied Electrochemistry, 1997, 27: 651-658.

[201] Polovov I B, Tray M E, Chernyshov M V, et al. Electrode processes in vanadium-containing chloride melts [M]. Molten Salts Chemistry and Technology. Wiley, Hoboken, 2014: 257-281.

[202] Wang L, Liu Y L, Liu K, et al. Electrochemical extraction of cerium from CeO₂ assisted by AlCl₃ in molten LiCl-KCl [J]. ElectrochimicaActa, 2014, 147: 385-391.

[203] Ge X L, Xiao S J, Haarberg G M, et al. Salt extraction process-novel route for metal extraction Part 3-electrochemical behaviours of metal ions (Cr, Cu, Fe, Mg, Mn) in molten (CaCl₂-) NaCl-KCl salt system [J]. Mineral Processing and Extractive Metallurgy (Trans. Inst. Min. Metall. C), 2010, 119 (3): 163-170.

[204] Gao P, Zhao X Y, Zhao-Karger Z R, et al. Vanadium oxychloride/magnesiumelectrode systems for chloride ion batteries [J]. ACS Applied Materials & Interfaces, 2014, 6: 22430-22435.

[205] Liu Y L, Yan Y D, Han W, et al. Electrochemical separation of Th from ThO and Eu₂O₃ assisted by AlCls in molten LiCl-KCl [J]. Electrochimica Acta, 2013, 114: 180-188.

[206] Roy R R, Ye J, Sahai Yogeshwar. Viscosity and density of molten salts based on equimolar NaCl-KCl [J]. Materials Transcations, JIM, 1997, 38 (6): 566-570.

[207] Weng Q G, Li R D, Yuan T C, et al. Valence states, impurities and electrocrystallization behaviors during molten salt electrorefining for preparation of high-purity titanium powder from sponge titanium [J]. Transactions of Nonferrous Metals Society of China, 2014, 24 (2): 553-560.

[208] Zou X L, Lu X G, Li C H, et al. A direct electrochemical route from oxides to Ti-Si intermetallics [J]. Electrochimica Acta, 2010, 55 (18): 5172-5179.

[209] Hay M B, Myneni S C B. Geometric and electronic structure of the aqueous Al (H₂₀) 63+ complex [J]. Journal of Physical Chemistry A, 2008, 112 (42): 10595.

[210] Wei Z R, Wu M X, Zhang L M, et al. Effects of Fe³⁺ on morphology of rutile TiO₂ crystal synthesized by hydrothermal process [J]. Journal of Synthetic Crystals, 2010, 39: 269-272.

[211] Sing K S. Reporting physisorption data for gas/solid systems with special reference to the determination of surface area and porosity (Recommendations 1984) [J]. Pure Applied Chemistry, 1985, 4 (57): 603-619.

[212] Xed O R, Gueza, Gonzáleza F, et al. Physical characterization of TiO₂ and Al₂O₃ prepared by precipitation and sol-gel methods [J]. Catalysis Today, 1992, 14 (2): 243-252.

[213] Asuha S, Zhou X G, Zhao S. Adsorption of methyl orange and Cr(Ⅵ) on mesoporous TiO₂ prepared by hydrothermal method [J]. Journal of Hazardous Materials, 2010, 181 (1):

204-210.

[214] Li P, Fu T, Gao X, et al. Adsorption and reduction transformation behaviors of Cr(Ⅵ) on mesoporous polydopamine/titanium dioxide composite nanospheres [J]. Journal of Chemical & Engineering Data, 2019, 64 (6): 2686-2696.

[215] Sami G, Mohamed B. Sorption kinetics for dye removal from aqueous solution using natural clay [J]. Journal of Environment & Earth Science, 2012.

[216] Makovec D, Drofenik M. Hydrothermal synthesis of manganese zinc ferrite powders from oxides [J]. Journal of the American Ceramic Society, 1999, 82 (5): 1113-1120.

[217] Rozman M, Drofenik M. Hydrothemal synthsis of manganese zinc ferrites [J]. Journal of the American Ceramic Society, 1995, 78 (9): 2449-2455.

[218] Jiao X L, Chen D R, Hu Y. Hydrothermal synthsis of nanocrystalline $M_xZn_{1-x}Fe_2O_4$ (M=Ni, Mn, Co; $x = 0.04 \sim 0.60$) powders [J]. Materials Research Bulletin, 2002, 37: 1583-1588.

[219] Xiao L, Zhou T, Meng J. Hydrothermal synthesis of Mn-Zn ferrites from spent alkaline Zn-Mn batteries [J]. Particuology, 2009, 7: 491-495.

[220] Liu C W, Lin C H, Fu Y P. Mn-Zn ferrite powder preparation by hydrothermal process from used dry batteries [J]. Japanese Journal of Applied Physics, 2006, 45 (5): 4040, 4041.

[221] Liu S Y, Wang L J, Chou K C. Synthesis of metal-doped Mn-Zn ferrite from the leaching solutions of vanadium slag using hydrothermal method [J]. Journal of Magnetism and Magnetic Materials, 2018, 449: 49-54.

[222] Makovec D, Drofenik M. Hydrothermal synthesis of manganese zinc ferrite powders from oxides [J]. Journal of the American Ceramic Society, 1999, 82 (5): 1113-1120.

[223] Rozman M, Drofenik M. Hydrothemal synthsis of manganese zinc ferrites [J]. Journal of the American Ceramic Society, 1995, 78 (9): 2449-2455.

[224] Xiao L, Zhou T, Meng J. Hydrothermal synthesis of Mn-Zn ferrites from spent alkaline Zn-Mn batteries [J]. Particuology, 2009, 7: 491-495.

[225] Zapata A, Herrera G. Effect of zinc concentration on the microstructure and relaxation frequency of Mn-Zn ferrites synthesized by solid state reaction [J]. Ceramics International, 2013, 39: 7853-7860.

[226] Ewais E M M, Hessien M M, EI-Geassy A H. In-situ synthesis of magnetic Mn-Zn ferrite ceramic object by solid state reaction [J]. Journal of the Australian Ceramic Society, 2008, 44 (1): 57-62.

[227] Ahmed Y M Z. Synthesis of manganese ferrite from non-standard raw materials using ceramic technique [J]. Ceramics International, 2010, 36: 969-977.

[228] Rashad M M. Synthesis and magnetic properties of manganese ferrite from low grade manganese

ore [J]. Materials Science and Engineering B, 2006, 127: 123-129.

[229] Gao J M, Zhang M, Guo M. Direct fabrication and characterization of metal doped magnesium ferrites from treated laterite ores by the sold state reaction method [J]. Ceramics Interantional, 2015, 41: 8155-8162.

[230] Jia H S, Liu W H, Zhang Z Z, et al. Monodomain MgCuZn ferrite with equivalent permeability and permittivity for broad frequency band applications [J]. Ceramics International, 2017, 43 (8): 5974-5978.

[231] Wang H G, Liu W W, Jia N N, et al. Facile synthesis of metal-doped Ni-Zn ferrite from treated Zn-containing electric arc furnace dust [J]. Ceramics International, 2017, 43 (2): 1980-1987.

[232] Zapata A, Herrera G. Effect of zinc concentration on the microstructure and relaxation frequency of Mn-Zn ferrites synthesized by solid state reaction [J]. Ceramics International, 2013, 39: 7853-7860.

[233] Ewais E M M, Hessien M M, EI-Geassy A H. In-situ synthesis of magnetic Mn-Zn ferrite ceramic object by solid state reaction [J]. Journal of the Australian Ceramic Society, 2008, 44 (1): 57-62.

[234] Jalaiah K, Vijaya Babu K. Structural, magnetic and electrical properties of nickel doped Mn-Zn spinel ferrite synthesized by sol-gel method [J]. Journal of Magnetism and Magnetic Materials, 2017, 423: 275-280.

[235] Raghavender A T, Bilikov N, Skoko Z. XRD and IR analysis of nanocrystalline Ni-Zn ferrite synthesized by the sol-gel method [J]. Materials Letters, 2011, 65: 677-680.

[236] Ahmad I, Abbas T, Islam M U, et al. Study of cation distribution for Cu-conanoferrites synthesized by the sol-gel method [J]. Ceramics International, 2013, 39 (6): 6735-6741.

[237] Hussain A, Abbas T, Niazi S B. Preparation of $Ni_{1-x}Mn_xFe_zO_4$ ferrites by sol-gel method and study of their cation distribution [J]. Ceramics International, 2013, 39 (2): 1221-1225.

[238] Gao Y B, Olivas-Martinez M, Sohn H Y, et al. Upgrading of low-grade manganese ore by selective reduction of iron oxide and magnetic separation [J]. Metallurgical and Materials transactions B, 2012, 43: 1465-1475.

[239] Makhula M, Bada S, Afolabi A. Evaluation of reduction roasting and magnetic sparation for upgrading Mn/Fe ratio of fine ferromanganese [J]. International Journal of Mining Science and Technology, 2013, 23 (4): 537-541.

[240] Tripathy S K, Banerjee P K, Suresh N. Effect of desliming on the magnetic separation of low-grade ferruginous manganese ore [J]. International Journal of Minerals, Metallurgy, and Materials, 2015, 22 (7): 661-673.

[241] Wu Y, Shi B, Ge W, et al. Magnetic separation and magnetic properites low-grade manganese

carbonate ore [J]. JOM, 2015, 67 (2): 361-368.

[242] Li C, Sun H H, Bai J, et al. Innovative methodology for comprehensive utilization of iron ore tailings Part 1. The revovery of iron from iron ore tailings using magnetic separation after magnetizing roasting [J]. Journal of Hazardous materials, 2010, 174: 71-77.

[243] Liu B B, Zhang Y B, Wang J, et al. New understanding on separation of Mn and Fe from ferruginous manganese ores by the magnetic reduction roasting process [J]. Applied Surface Science, 2018, 444: 133-144.

[244] Yu X B, Wu Z, Xia B J, et al. Hydrogen absorption performance of Ti-V-based alloys surface modified by carbon nanotubes [J]. Physics Letters A, 2004: 468-472.

[245] Suwarno S, Solberg J K, Maehlen J P, et al. Influence of Cr on the hydrogen strogen properties of Ti rich Ti-V-Cr alloys [J]. International Journal of Hydrogen Energy, 2012, 37: 7624-7628.

[246] Huot J, Enoki H, Akiba E. Syntheis, phase transformation, and hydrogen strogen properties of ball-milled TiV0. 9MnI1 [J]. Journal of Alloys and Compounds, 2008, 453: 203-209.

[247] Smith D L, Billon M C, Natesan K. Vanadium-base alloys for fusion first-wall/blanket applications [J]. International Journal of Refractory Metal & Hard Materials, 2000, 18 (4-5): 213-224.

[248] Naganska T, Takahashi H, Muroga T, et al. Recovery and recrystallization behavior of vanadium at various controlled nitrogen and oxygen levels [J]. Journal of Nuclear Matrials, 2000, 283 (4): 816-821.

[249] Suzuki R O, Tatemote K, Kitagawa H. Direct synthesis of the hydrogen storage V-Ti alloy powder from the oxides by calcium co-reduction [J]. Journal of Alloys and Compound, 2004, 385: 173-180.

[250] Leary R, Westwood A. Carbonaceous nanomaterials for the enhancement of TiO_2 photocatalysis [J]. Carbon, 2011, 49 (3): 741-772.

[251] Su D, Dou S, Wang G. Anatase TiO_2: better anode material than amorphous and rutile phases of TiO_2 for Na-Ion batteries [J]. Chemistry of Materials, 2015, 27 (17): 6022-6029.

[252] Kutlakova K M, Tokarsk J, P Ková, et al. Preparation and characterization of photoactive composite kaolinite/TiO_2 [J]. Journal of Hazardous Materials, 2011, 188 (1-3): 212-220.

[253] Hanaor D A H. Review of the anatase to rutile phase transformation [J]. Journal of Materials Science, 2011, 46 (4): 855-874.

[254] Yu M Z, Lin J, Tatleung C. Numerical simulation of nanoparticle synthesis in diffusion flame reactor [J]. Powder Technology, 2008, 181 (1): 9-20.

[255] Wang T S, Navarrete-López A M, Li S, et al. Hydrolysis of $TiCl_4$: initial stepsin the production of TiO_2 [J]. Journal of Physical Chemistry A, 2010, 114 (28): 7561-7570.

[256] Miquel P F, Katz J L. Flame synthesis of nanostructured vanadium oxide based catalysts [J]. Studies in Surface Science & Catalysis, 1995, 91: 207-216.

[257] Vemury S, Pratsinis S E. Dopants in flame synthesis of titania [J]. Journal of the American Ceramic Society, 2010, 78 (11): 2984-2992.

[258] Terabe K, Kato K, Miyazaki H, et al. Microstructure and crystallization behaviour of TiO_2 precursor prepared by the sol-gel method using metal alkoxide [J]. Journal of Materials Science, 1994, 29 (6): 1617-1622.

[259] Prasad K, Pinjari D V, Pandit A B, et al. Phase transformation of nanostructured titanium dioxide from anatase-to-rutile via combined ultrasound assisted sol-gel technique [J]. Ultrasonics Sonochemistry, 2010, 17 (2): 409-415.

[260] Yang S, Liu Y, Guo Y, et al. Preparation of rutile titania nanocrystals by liquid method at room temperature [J]. Materials Chemistry & Physics, 2003, 77 (2): 501-506.

[261] Suresh K, Patil K C. A combustion process for the instant synthesis of y-iron oxide [J]. Journal of Materials Science Letters, 1993, 40 (11): 2014-2020.

[262] Zhang Q H, Gao L, Guo J K. Preparation and characterization of nanosized TiO_2 powders from aqueous $TiCl_4$ solution [J]. Nanostructured Materials, 1999, 11 (8): 1293-1300.

[263] Zhang J, Xiao X, Nan J. Hydrothermal-hydrolysis synthesis and photocatalytic properties of nano-TiO_2 with an adjustable crystalline structure [J]. Journal of Hazardous Materials, 2010, 176 (1-3): 617-622.

[264] Lan C, Liu S, Shiu J, et al. Formation of size-tunable dandelion-like hierarchical rutile titania nanospheres for dye-sensitized solar cells [J]. RSC Advances, 2013, 3 (2): 559-565.

[265] Ming H, Lei Y, Lu X, et al. Large-scale hydrothermal synthesis of twinned rutile titania [J]. Journal of the American Ceramic Society, 2010, 90 (1): 319-321.

[266] Mahshid S, Askari M, Ghamsari M S, et al. Synthesis of TiO_2 nanoparticles by hydrolysis and peptization of titanium isopropoxide solution [J]. Journal of Materials Processing Tech., 2012, 189 (1): 296-300.

[267] Yan J, Feng S, Haiqiang L U, et al. Alcohol induced liquid-phase synthesis of rutile titania nanotubes [J]. Materials Science & Engineering B, 2010, 172 (2): 114-120.

[268] Wang L, Kang S, Li X, et al. Rapid and efficient photocatalytic reduction of hexavalent chromium by using "water dispersible" TiO_2 nanoparticles [J]. Materials Chemistry and Physics, 2016, 178: 190-195.

[269] Liu W, Ni J, Yin X. Synergy of photocatalysis and adsorption for simultaneous removal of Cr(Ⅵ) and Cr(Ⅲ) with TiO_2 and titanate nanotubes [J]. Water Research, 2014, 53 (3): 12-25.

[270] Zhao Y, Zhao D, Chen C, et al. Enhanced photo-reduction and removal of Cr(Ⅵ) on reduced graphene oxide decorated with TiO₂ nanoparticles [J]. Journal of Colloid & Interface Science, 2013, 405 (9): 211-217.

[271] Li P, Fu T, Gao X, et al. Adsorption and reduction transformation behaviors of Cr(Ⅵ) on mesoporous polydopamine/titanium dioxide composite nanospheres [J]. Journal of Chemical & Engineering Data, 2019.

[272] Liu C, Liu C, Liu J, et al. Catalytic removal of mercury from waste carbonaceous catalyst by microwave heating [J]. Journal of Hazardous Materials, 2018, 358: 198-206.

[273] Y Ishikawa T, Koborinai R, et al. Comparative studies of the thermal conductivity of spinel oxides with orbital degrees of freedom [J]. Physical Review B, 2014, 90 (22): 224411.

[274] Reddy R G. Molten salts: thermal energy storage and heat transfer media [J]. Journal of Phase Equilibria and Diffusion, 2011, 32 (4): 269-270.

[275] Hazen R M. High-pressure crystal chemistry of chrysoberyl, Al₂BeO₄: insights on the origin of olivine elastic anisotropy [J]. Phys. Chem. Minerals, 1987, 14 (1): 13-20.

[276] Shi X, Wang Y, Zhao K, et al. Strain effects in epitaxial FeV₂O₄ thin films fabricated by pulsed laser deposition [J]. Journal of Crystal Growth, 2015, 419: 102-107.

[277] Zhang G, Zhang T, Lv G, et al. Effects of microwave roasting on the kinetics of extracting vanadium from vanadium slag [J]. JOM, 2016, 68 (2): 577-584.

[278] Namboothiri S, Mallick S. Bauxite processing via chloride route to produce chloride products and subsequent electrolysis of aluminium chloride to produce aluminium metal [J]. Light Metals, 2017: 641-648.

[279] Mohandas K S, Sanil N, Mathews T, et al. An electrochemical investigation of the thermodynamic properties of the NaCl-AlCl₃ system at subliquidus temperatures [J]. Metallurgical and Materials Transactions B, 2001, 32 (4): 669-677.

[280] Robelin C, Chartrand P, Pelton A D. Thermodynamic evaluation and optimization of the (NaCl-KCl-AlCl₃) system [J]. The Journal of Chemical Thermodynamics, 2004, 36 (8): 683-699.

[281] Chou K, Hou X. Kinetics of high-temperature oxidation of inorganic [J]. Journal of the American Ceramic Society, 2009, 92 (3): 585-594.

[282] Chou K. A kinetic model for oxidation of Si-Al-O-N materials [J]. Journal of the American Ceramic Society, 2006, 89 (5): 1568-1576.

[283] Liu C, Peng J, Ma A, et al. Study on non-isothermal kinetics of the thermal desorption of mercury from spent mercuric chloride catalyst [J]. Journal of Hazardous Materials, 2017, 322: 325-333.

[284] Liu C, Peng J, Liu J, et al. Catalytic removal of mercury from waste carbonaceous catalyst by

microwave heating [J]. Journal of Hazardous Materials, 2018, 358: 198-206.

[285] Ouyang G, Zhang X, Tian X, et al. Effect of microwave roasting on vanadium extraction from stone coal [J]. China J. Nonferrous Met. , 2008, 18 (4): 750.

[286] Menéndez J A, Arenillas A, Fidalgo B, et al. Microwave heating processes involving carbon materials [J]. Fuel Processing Technology, 2010, 91 (1): 1-8.

[287] Liu B, Du H, Wang S N, et al. A novel method to extract vanadium and chromium from vanadium slag using molten NaOH-NaNO$_3$ binary system [J]. Aiche Journal, 2013, 59 (2): 541-552.

[288] Shiyuan L, Lijun W, Chou K. A novel process for simultaneous extraction of iron, vanadium, manganese, chromium, and titanium from vanadium slag by molten salt electrolysis [J]. Industrial & Engineering Chemistry Research, 2016, 55 (50): 12962-12969.

[289] Yoshikawa N, Mashiko K, Sasaki Y, et al. Microwave carbo-thermal reduction for recycling of Cr from Cr-containing steel making wastes [J]. ISIJ International, 2008, 48 (5): 690-695.

[290] Ramezani A, Emami S M, Nemat S. Reuse of spent FCC catalyst, waste serpentine and kiln rollers waste for synthesis of cordierite and cordierite-mullite ceramics [J]. Journal of Hazardous Materials, 2017, 338: 177-185.

[291] Wang W, Mccool G, Kapur N, et al. Mixed-phase oxide catalyst based on Mn-mullite (Sm, Gd)Mn$_2$O$_5$ for NO oxidation in diesel exhaust [J]. Science, 2012, 337 (6096): 832-835.

[292] Li N, Zhang X Y, Qu Y N, et al. A simple and efficient way to prepare porous mullite matrix ceramics via directly sintering SiO$_2$-Al$_2$O$_3$ microspheres [J]. Journal of the European Ceramic Society, 2016, 36 (11): 2807-2812.

[293] Zheng Y, Thampy S, Ashburn N, et al. Stable and active oxidation catalysis by cooperative lattice oxygen redox on SmMn$_2$O$_5$ mullite surface [J]. Journal of the American Chemical Society, 2019, 141 (27): 10722-10728.

[294] Liu R, Dong X, Xie S, et al. Ultralight, thermal insulating, and high-temperature-resistant mullite-based nanofibrous aerogels [J]. Chemical Engineering Journal, 2019, 360: 464-472.

[295] Wan X, Wang L, Gao S, et al. Low-temperature removal of aromatics pollutants via surface labile oxygen over Mn-based mullite catalyst SmMn$_2$O$_5$ [J]. Chemical Engineering Journal, 2021, 410: 128305.

[296] Pyzik A J, Li C G. New design of a ceramic filter for diesel emission control applications [J]. International Journal of Applied Ceramic Technology, 2005, 2(6): 440-451.

[297] Pyzik A J, Todd C S, Han C. Formation mechanism and microstructure development in acicular mullite ceramics fabricated by controlled decomposition of fluorotopaz [J]. Journal of the European Ceramic Society, 2008, 28 (2): 383-391.

[298] Hsiung C H, Pyzik A, De Carlo F, et al. Microstructure and mechanical properties of acicular

mullite [J]. Journal of the European Ceramic Society, 2013, 33(3): 503-513.

[299] Hsiung C H, Pyzik A, Gulsoy E, et al. Impact of doping on the mechanical properties of acicular mullite [J]. Journal of the European Ceramic Society, 2013, 33(10): 1955-1965.

[300] Fischer R X, Tikhonova V, Birkenstock J, et al. A new mineral from the Bellerberg, Eifel, Germany, intermediate between mullite and sillimanite [J]. American Mineralogist, 2015, 100 (7): 1493-1501.

[301] Guse W, Mateika D. Growth of mullite single crystals ($2Al_2O_3 \cdot SiO_2$) by the Czochralski method [J]. Journal of Crystal Growth, 1974, 22(3): 237-240.

[302] Guse W. Compositional analysis of czochralski grown mullite single crystals [J]. Journal of Crystal Growth, 1974, 26 (1): 151-152.

[303] Schaafhausen S, Yazhenskikh E, Walch A, et al. Corrosion of alumina and mullite hot gas filter candles in gasification environment [J]. Journal of the European Ceramic Society, 2013, 33(15-16): 3301-3312.

[304] Shindo I. Applications of the floating zone technique in phase equilibria study and in single crystal growth [D]. D. Sc. Thesis, Tohoku Univ, Tokyo, 1980.

[305] Viravathana P, Sukwises N, Boonpa S, et al. Na_2WO_4-Mn/mullite catalysts for oxidative coupling of methane [C]. Advanced Materials Research. Trans Tech. Publications Ltd., 2011, 287: 3015-3019.

[306] Zhao X, Cong Y, Lv F, et al. Mullite-supported Rh catalyst: a promising catalyst for the decomposition of N_2O propellant [J]. Chemical Communications, 2010, 46 (17): 3028-3030.

[307] Abbasi M, Mirfendereski M, Nikbakht M, et al. Performance study of mullite and mullite-alumina ceramic MF membranes for oily wastewaters treatment [J]. Desalination, 2010, 259 (1-3): 169-178.

[308] Bakhtiari O, Samei M, Taghikarimi H, et al. Preparation and characterization of mullite tubular membranes [J]. Desalination and Water Treatment, 2011, 36 (1-3): 210-218.

[309] Shokrkar H, Salahi A, Kasiri N, et al. Mullite ceramic membranes for industrial oily wastewater treatment: experimental and neural network modeling [J]. Water Science and Technology, 2011, 64 (3): 670-676.

[310] Naghizadeh R, Golestani-Fard F, Rezaie H. Stability and phase evolution of mullite in reducing atmosphere [J]. Materials Characterization, 2011, 62(5): 540-544.

[311] Schneider H, Komarneni S. Basic properties of mullite [M]. Mullite. Wiley Online Library, 2005: 141-225.

[312] Fischer R, Schneider H, Komarneni S. The mullite-type family of crystal structures [J]. Mullite, 2005: 1-46.

［313］ Fischer R X, Gaede-Köhler A, Birkenstock J, et al. Mullite and mullite-type crystal structures ［J］. International Journal of Materials Research, 2012, 103(4): 402-407.

［314］ Cui K, Zhang Y, Fu T, et al. Toughening mechanism of mullite matrix composites: a review ［J］. Coatings, 2020, 10 (7): 672.

［315］ Hamano K, Nakagawa Z, Cun G, et al. Formation process of mullite from kaolin minerals and various mixtures ［J］. Mullite Uchida Rokakuho Publishing, Tokyo, 1985: 37-49.

［316］ 叶航. γ-型莫来石的合成机理及其结构与性能研究 ［D］. 北京: 北京科技大学, 2019.

［317］ Xu X, Liu X, Wu J, et al. Fabrication and characterization of porous mullite ceramics with ultra-low shrinkage and high porosity via sol-gel and solid state reaction methods ［J］. Ceramics International, 2021, 47 (14): 20141-20150.

［318］ Chen L, Wang Z, Xue Z, et al. Preparation of mullite ceramics with equiaxial grains from powders synthesized by the sol-gel method ［J］. Ceramics International, 2022, 48 (4): 4754-4762.

［319］ Ansar S A, Bhattacharya S, Dutta S, et al. Development of mullite and spinel coatings on graphite for improved water-wettability and oxidation resistance ［J］. Ceramics International, 2010, 36 (6): 1837-1844.

［320］ 李雪冬, 朱伯铨, 张少伟. 熔盐介质对合成莫来石晶须的影响 ［J］. 稀有金属材料与工程, 2008, 37 (S1): 300-302.

［321］ Wang W, Li H, Lai K, et al. Preparation and characterization of mullite whiskers from silica fume by using a low temperature molten salt method ［J］. Journal of Alloys and Compounds, 2012, 510 (1): 92-96.

［322］ Yang T, Qiu P L, Zhang M, et al. Molten salt synthesis of mullite nanowhiskers using different silica sources ［J］. International Journal of Minerals, Metallurgy, and Materials, 2015, 22(8): 884-891.

［323］ Abdullayev A, Klimm D, Kamutzki F, et al. AlF$_3$-assisted flux growth of mullite whiskers and their application in fabrication of porous mullite-alumina monoliths ［J］. Open Ceramics, 2021, 7: 100145.

［324］ Kool A, Thakur P, Bagchi B, et al. Salt-melt synthesis of B$_2$O$_3$, P$_2$O$_5$ and V$_2$O$_5$ modified high-alumina mullite nanocomposites with promising photoluminescence properties ［J］. Materials Research Express, 2017, 4 (10): 105005.

［325］ Xiang J Y, Xin W, Pei G S, et al. Recovery of vanadium from vanadium slag by composite roasting with CaO/MgO and leaching ［J］. Transactions of Nonferrous Metals Society of China, 2020, 30 (11): 3114-3123.

［326］ 刘义, 李兰杰, 王春梅, 等. 提钒尾渣资源化利用技术 ［J］. 河北冶金, 2020 (6): 79-82.

[327] Li P, Luo S H, Wang J, et al. Extraction and separation of Fe and Ti from extracted vanadium residue by enhanced ammonium sulfate leaching and synthesis of LiFePO$_4$/C for lithium-ion batteries [J]. Separation and Purification Technology, 2022, 282: 120065.

[328] Zhang J, Zhang W, Zhang L, et al. Mechanism of vanadium slag roasting with calcium oxide [J]. International Journal of Mineral Processing, 2015, 138: 20-29.

[329] Li P, Luo S H, Feng J, et al. Study on the high-efficiency separation of Fe in extracted vanadium residue by sulfuric acid roasting and the solidification behavior of V and Cr [J]. Separation and Purification Technology, 2021, 269: 118687.

[330] Billik P, Čaplovičová M, Čaplovič L, et al. Mechanochemical-molten salt synthesis of α-Al$_2$O$_3$ platelets [J]. Ceramics International, 2015, 41 (7): 8742-8747.

[331] Weng W, Xiao W. Electrodeposited silicon nanowires from silica dissolved in molten salts as a binder-free anode for lithium-ion batteries [J]. ACS Applied Energy Materials, 2018, 2(1): 804-813.

[332] Gupta S K, Mao Y. A review on molten salt synthesis of metal oxide nanomaterials: status, opportunity, and challenge [J]. Progress in Materials Science, 2021, 117: 100734.

[333] Tan H. Preparation of mullite whiskers from coal fly ash using sodium sulfate flux [J]. International Journal of Mineral Processing, 2011, 100 (3-4): 188-189.

[334] Sergeev D, Kobertz D, Müller M. Thermodynamics of the NaCl-KCl system [J]. Thermochimica Acta, 2015, 606: 25-33.

[335] Sarin P, Yoon W, Haggerty R, et al. Effect of transition-metal-ion doping on high temperature thermal expansion of 3 : 2 mullite—an in situ, high temperature, synchrotron diffraction study [J]. Journal of the European Ceramic Society, 2008, 28 (2): 353-365.

[336] Klochkova I, Dudkin B, Shveikin G, et al. The effect of sesquioxides of 3d-transition elements on the strength of synthetic mullite and mullite-based materials [J]. Refractories and Industrial Ceramics, 2001, 42(9): 351-354.

[337] Roy J, Bandyopadhyay N, Das S, et al. Role of V$_2$O$_5$ on the formation of chemical mullite from aluminosilicate precursor [J]. Ceramics International, 2010, 36 (5): 1603-1608.

[338] Suhasinee Behera P, Bhattacharyya S. Sintering and microstructural study of mullite prepared from kaolinite and reactive alumina: effect of MgO and TiO$_2$ [J]. International Journal of Applied Ceramic Technology, 2021, 18 (1): 81-90.

[339] Men D. Processing and characterization of multiphase ceramic composites [M]. University of California, Irvine, 2012.

[340] Bodhak S, Bose S, Bandyopadhyay A. Densification study and mechanical properties of microwave-sintered mullite and mullite-zirconia composites [J]. Journal of the American Ceramic Society, 2011, 94 (1): 32-41.

[341] Zhang J, Li S, Li H, et al. Preparation of Al-Si composite from high-alumina coal fly ash by mechanical-chemical synergistic activation [J]. Ceramics International, 2017, 43 (8): 6532-6541.

[342] Yang F, Li C, Lin Y, et al. Effects of sintering temperature on properties of porous mullite/corundum ceramics [J]. Materials Letters, 2012, 73: 36-39.

[343] Lin B, Li S, Hou X, et al. Preparation of high performance mullite ceramics from high-aluminum fly ash by an effective method [J]. Journal of Alloys and Compounds, 2015, 623: 359-361.

[344] Ye H, Li Y, Sun J, et al. Novel iron-rich mullite solid solution synthesis using fused-silica and α-Al_2O_3 powders [J]. Ceramics International, 2019, 45 (4): 4680-4684.

[345] 许林峰. 固相烧结法制备高孔隙率莫来石多孔陶瓷的研究 [D]. 广州: 华南理工大学, 2015.

[346] Zhao F, Ge T, Gao J, et al. Transient liquid phase diffusion process for porous mullite ceramics with excellent mechanical properties [J]. Ceramics International, 2018, 44 (16): 19123-19130.

[347] Li W, Zhang J, Li X, et al. Synthesis and electromagnetic properties of one-dimensional La^{3+}-doped mullite based on first-principles simulation [J]. Ceramics International, 2019, 45 (14): 17325-17335.